U0334549

美味天下
美食文学系列

吃货的天堂——
美国

吴晨阳◎著

中国地图出版社

图书在版编目（ＣＩＰ）数据

　　吃货的天堂：美国 = Heaven of Epicures :America / 吴晨阳著 . -- 北京：中国地图出版社，2017.4
　　（美味天下美食文学系列）
　　ISBN 978-7-5031-9829-8

　　Ⅰ.① 吃… Ⅱ.① 吴… Ⅲ.① 饮食－文化－美国Ⅳ.①TS971.271.2

　　中国版本图书馆 CIP 数据核字（2017）第 063222 号

策　　划：赵　强
责任编辑：赵　强
执行编辑：徐以达
出版审订：余　凡
图片协力：赵　涵
装帧设计：水长流文化发展有限公司
出版发行　中国地图出版社
地　　址　北京市西城区白纸坊西街 3 号　　　邮政编码　100054
电子信箱　smp@sinomaps.com　　　　　　　网　　址　www.chinasmp.com
印　　刷　北京画中画印刷有限公司　　　　　经　　销　各地新华书店
成品规格　170mm × 230mm　　　　　　　　印　　张　14.5
字　　数　200 千字　　　　　　　　　　　　版　　次　2017 年 4 月第 1 版
印　　次　2017 年 4 月第 1 次印刷　　　　　定　　价　48.00 元
书　　号　ISBN 978-7-5031-9829-8
本书如有印装质量问题，请与我社门市部联系调换。

美国——吃货的又一处天堂

美国是吃货的天堂，此话一点不假。

因为美国是全世界移民最多的国家，庞大的外来人口移民到美国，成家立业，落地生根，让美国成为世界民族的大熔炉。这些拥有着多样文化背景的庞大新移民的到来，对美国社会及文化结构产生了巨大的冲击，来自世界各地的人在美国寻求更好发展的同时，也把本国的饮食文化带到了美国。新移民带来的烹饪方式及风味菜肴使得美国人的餐桌上出现了丰富而多元化的食物，这些传到美国的风味菜肴日久天长就因地制宜地发生了很多的变化。

因此，美国食品菜肴既有美国的本土性，又有世界性，美国人认为，美国菜是以欧洲菜为根，但又加入了世界其他很多民族的风格。美国烹饪源自英国，但是美国菜又有自己的特色。美国国土面积大，气候好，食物种类繁多，交通运输便利，冷藏技术先进，他们在烹饪时很讲究食物原本的营养，注重食物原来的色香味。

美国人的早餐喜食甜点心，也喜欢吃沙拉。沙拉原料大多采用水果和蔬菜，如香蕉、苹果、菠萝、柚子、橘子等水果以及芹菜、土豆、生菜等蔬菜，调料大多用沙拉油沙司和鲜奶油，口味较新鲜。

美国人做菜喜欢用水果作辅料，如菠萝鸡腿、苹果烤鸭等，对铁扒一类的菜肴也很喜欢。炸制类的菜品也经常吃，如炸鸡、炸香蕉、炸苹果等。点心喜欢吃蛋糕、冰激凌、水果、瓜类等。

布丁、苹果派等虽然出自英国，但烹饪方法却有不小的改变，变得更具美国风味。美国的烘烤点心，制作及装饰方法闻名于世，而冷饮、冻甜点、沙拉、美式牛排、炸鸡等也深受欧洲大陆人的欢迎。美国人爱喝加冰块的凉白开或矿泉水，平时他们把威士忌、白兰地等酒当茶喝，很享受酒的味道，根本不需要配菜。

用咱们国人的眼光去总结美国的饮食，可以发现有几个特点：一是生，牛排半生不熟的，还带血丝，很多海鲜也是半生不熟的；二是冷，凡是饮料都加冰块，有些人甚至加上大量的冰块，似乎没有冰块就无法喝水，无法喝饮料；三是甜，尤其是美国的甜点，又甜又腻，很多人戏称美国的甜食是甜死人不偿命。当然，这些都是中国人依自己口味做出的评判，美国人本身未必会赞同。

事实上，美国人吃饭注重的是营养，而不是口味，一般美国人也不大会做饭，平时居家喜欢买半成品进行简单的加工就是一顿饭，所以美国人的厨房没有油烟，非常干净。

美国人常去快餐店，在美国城乡，兼营冰激凌的咖啡店、麦当劳快餐店随处可见。到咖啡店，喝一杯咖啡一美元，吃一碟冰激凌两三美元，边吃边聊，十分惬意。美国的冰激凌品种繁多，有些冰激凌的上面还布满了脆香的果仁，十分好吃。

麦当劳店遍布美国的大街小巷，麦当劳店门前，不论何时何地都有三面旗帜在显眼处飘扬，一是美国国旗，一是州旗，一是店旗。不论哪儿的麦当劳店生意都很兴隆，人们喜欢点上一份汉堡或热狗，一袋土豆条或爆米花，一杯饮料，价格便宜，食物的分量很足，尤其是饮料，喝完了再添也不用多付钱。

有人说美国的快餐盛行是因为美国民族偏向保守朴实，因为他们的先辈有很多是几世纪前从英国来的清教徒。这些虔诚的清教徒重视精神生活，但不注重物质生活，他们提倡勤劳朴实的生活方式。于是他们的子孙也继承了这些传统，养成俭朴有礼、循规蹈矩的习惯。他们这种俭朴、不浪费的主流价值观，直接引导美国饮食文化向注重简约与高效的方向发展。

不过，到了现代，美国的高科技突飞猛进，年轻一代不但经济收入增加，工作压力也随之增加，因此更重视休闲与美食。尤其是晚餐这顿饭，年轻人们更愿意出门享受轻松的美味佳肴。由于市场的强烈需求，各种类型的餐馆如雨后春笋在全美各地迅速崛起，美国餐饮行业出现了蓬勃发展的趋势。

现代美国的饮食，越来越丰富多彩。美国的厨师们把各民族固有的饮食文化优点与美国的日常生活现实相结合，因地制宜地创造出许多无国界的融合菜肴，让世界各国的菜肴和谐地融合在一起，我中有你，你中有我，把烹饪艺术推向一个新境界。

有人说在美国可以吃到世界上大多数国家的饮食，此话不假。在多民族和多文化的美国，你可以吃墨西哥式食物、法式食物、印度食物、泰国食物、中国食物、韩式食物、日本食物、意大利食物、西班牙食物……

这些来自世界各国的美食，长期在美国流传，慢慢加入了美国元素，变得具有美国的风味，中餐是这样，其他各国的美食也是这样。这些加入美国元素的美食，变成了美国饮食的一个组成部分，这其中有很多华人厨师的身影。

有句话说得好，有人的地方就有中国人，有中国人的地方就有中餐馆。在美国，如果你有足够的钱，你可以在各大城市的唐人街上吃到不错的家乡菜，尤其在纽约——全世界最大的都市之一，你可以到唐人街吃到国内几乎所有的地方特色，甚至比在国内的品种都全。

华人厨师们把中国的饮食在美国发扬光大，创造性地做出了大量亦中亦美、非中非美的食物。美国人认为是中国食物，中国人却认为这是美国食物。这些食物，中国人喜欢，美国人也喜欢。正是由于大量华人厨师的辛勤工作，使得中国饮食文化在美国生根发芽，有了一大批追随者，最终，中餐牢固地成为美国饮食的一个重要组成部分，在美国的各种大型超市也能寻觅到中国食物的身影。中国饮食，已成为美国饮食中一道亮丽的风景。

目 录

第 1 卷　独树一帜的美国饮食

第2卷 异彩纷呈的饮食文化

第 **3** 卷　挡不住的"中国风"

第 **1** 卷

独树一帜的美国饮食

第1章

美国是吃货的天堂

在美国，如果你有足够的钱，你可以在各大城市的唐人街上吃到不错的家乡菜，尤其是纽约，你可以到那里的唐人街吃到几乎所有的具有国内地方特色的饮食，甚至比在国内的品种都全。当然很多食物受到了美国文化的影响，发生了不小的变化，变成了美式的中国食物。

在美国，除了中餐，你还可以吃到很多其他国家的食物，比如说日本料理。日本料理非常讲究保持食物的原味，不提倡加入过多调料，以清淡为主。对菜肴的色形尤其有着很高的要求，不但使用各式各样非常精致的盛器来装食物，对食物的形状、排列、颜色搭配也都有很细腻的考虑。那一道道精细得有如手工艺品的日式料理，添加上具有美国风味的配料，非常受美国人欢迎。

我在国内吃过日本料理店的寿司，到了美国后，发现日本的寿司，也受美国饮食的影响。厨师们在传统日本寿司的基础上改良，放上一些适合美国人口味的调味品，比如说根据个人的口味加上不同种类的奶酪，这样做出的寿司既符合美国人的口味，也符合日本人的口味。日本人喜欢，美国人喜欢，中国人也喜欢。这些在日本本土身材瘦小的寿司，来到美国后，体积也变大了不少，非常适应美国人的大胃口。

在美国饮食界工作的时候，我发现很多美国人喜欢吃寿司，吃起寿司来毫不含糊，每次都会要上好几份，吃得非常开心。不少美国人也比较喜欢吃日本的饭菜，因为日本人普遍爱食用生鱼，那些盖着生鱼片的寿司是日本比较流行的食物，喜欢生食的美国人自然也喜欢这类生鲜食品。日本菜在美国大行其道还有一个原因，是因为日本人有着生吃海鲜的习惯，这点与美国人的饮食习惯非常接近。

在美国也有很多韩国菜，韩国餐馆里卖的菜，在美国的价格也比中餐馆贵不少。很多来自中国南方的厨师，先在韩国餐馆里打工，学习一些手艺，比如说韩国泡菜、韩国烤肉、韩国寿司、泡菜炒饭，了解了韩式饮食体系，等到有了足够的积蓄，便在美国开一家韩国餐馆，挣钱也比开中餐馆多。

典型美式早餐——司康饼外加一杯美式咖啡。◎ 赵涵/摄

在很多国人的眼里，似乎韩国只有泡菜，其实，去了美国的韩国餐馆便会发现，原来韩国菜也是多姿多彩，有很多其他的菜品，比如说韩国烤肉、韩国拌饭、各种海鲜，还有大麦茶，并不是像我们所想的那样，只有用大白菜做成的泡菜。很多时候，我们自己也有偏见，总觉得别的国家的饮食品种单调，其实事实并非如此。

韩国烧烤讲究原汁原味，辅以不同的酱汁蘸食。烧烤的食物多以肉类和海鲜为主，对选料要求非常严格，据说很多韩国餐馆里的烤牛肉只选用肉牛的里脊。当然蔬菜在韩国的烧烤中也占有举足轻重的地位，比如说土豆、茄子、洋葱，这些看似平常的蔬菜放在架子上烧烤好以后，蘸着精盐和香油调制的蘸汁，放进嘴里，味道也非常鲜美。

韩国烧烤在烤制过程中不再调味，只是在食用时才用蘸汁来补味。韩国的酱汁味道非常不错，烧烤菜肴一般煎至八分熟或刚熟即可，这样吃到嘴里会有嫩爽的口感。韩式烧烤由顾客自己动手烤制，整个烤制过程中只翻动一次，这样可以增加就餐过程中的乐趣，韩国食物在美国也有不小的市场。

在美国，泰国饭非常受欢迎，泰国饭的做法有些类似于中餐，比如说蔬菜、肉食都用食用油炒熟，它的口味比较甜，不咸，类似于中国南方的饮食。但又有很多与中餐不同的地方，尤其是泰国饭的配料，与我们的差别

经典美式甜点——刚出炉的山核桃派，令人垂涎欲滴。◎赵涵／摄

常见美式开胃菜——油炸类食物拼盘。◎赵涵／摄

不小。

在美国的泰国饭，除了配置本土的一些调料外，也加上一些美国的元素，既符合东方人，又适合美国人，很多人都非常喜欢这里的泰国饭。泰国饭调料的味道尤其美妙，叫人吃了难忘，我认识很多朋友，吃了一次泰国饭后，就成了它的回头客，可见泰国饭的魅力无穷。

美国和墨西哥是邻居，墨西哥的食物在美国很受欢迎。在美国的饮食行业，墨西哥的食品占有重要的地位。墨西哥的食物品种丰富，花样不少，烹调也很讲究，在其中，玉米制品占了不小的比重。墨西哥是玉米的故乡，墨西哥人对玉米有着深厚的感情，在种植玉米的过程中创造出辉煌的玛雅文明和阿兹特克文明，他们自称是玉米人。墨西哥的玉米品种有数百种之多。除了鲜吃外，晒干后磨成玉米粉，烤成玉米饼，就是著名的"墨西哥薄饼"，是墨西哥人每天不可或缺的主食。

墨西哥人一日三餐都吃的主食是名叫"Taco"的玉米袋饼，有"墨西哥汉堡"之称。墨西哥人不但喜欢吃玉米，还喜欢吃仙人掌，仙人掌入菜，是墨西哥饮食的一大特色。

在美国，墨西哥鸡卷到处可见，它们外脆内嫩，口味浓厚，酸中有辣，风靡整个美国。此外，卷饼也是墨西哥食品中的翘楚，很有民族风情。卷饼传到美国后，再加上各种奶酪，就变成了美国的食品。肯德基的墨西哥鸡肉卷，就是一种来源于墨西哥的食物，现在也走进了中国百姓的日常生活。除此之外，在美国还可以吃到肉质嫩滑、诱人食欲的墨西哥肉串，这更是全球闻名的食物。膀大腰圆的墨西哥人，最爱吃烤肉串，吃起来是一种享受，现在也成了美国人的最爱。

除了这些，在美国还可以吃到很多其他国家的食物，比如说印度、俄罗斯、法国、意大利、西班牙……

从这个角度去看美国的饮食，你会发现美国的饮食体系不但不单调，相反非常丰富多彩。美国集中了全世界的美食，在美国繁华的大街上，人们可以尽情享用这些来自于世界各地的美食。

美国有着得天独厚的自然资源，又有着全世界最可口的饮食，生活在这样的美食世界中，面对着美食的巨大诱惑，谁会有毅力把自己的嘴管好？再加上美国人喜欢高能量的食物，所以，当我们走在美国的大街小巷，看到美国拥有数目壮观、形体巨大的胖子，并不感到奇怪。

第2章
在美国吃日本寿司、韩国菜和泰国饭

美国的寿司，经过厨师们在传统日本寿司的基础上加以改良，放上了一些适合美国人口味的调味品，这样的饮食，日本人喜欢，美国人喜欢，中国人也喜欢。在美国日本餐馆的价格比中餐馆高很多，收入自然也多不少。

很多华人学做了一手日本菜，经过多年的打拼，积累了一笔原始资金，便在美国开家日本餐馆，这样挣的钱比开一个中餐馆多很多。日本人普遍爱食用生鱼，盖着生鱼片的寿司是日本最流行的食物，喜欢生食的美国人自然也喜欢这类生鲜食品。

记得我到朋友刘先生家里聚餐的时候，刘夫人教我做寿司，拿着他们家里专用的寿司工具，我发现做寿司不是很难，在刘夫人的指导下，我很快就做成了第一批寿司。

"还是你的手巧，教你只需要这么短的时间。你不知道，美国人的手有多笨，我邀请几个美国人到家里做客，教他们学做寿司，他们经常满头大汗，也做不好寿司，每次都会浪费很多的材料。我不明白，这么简单的东西，在美国人那里怎么就会变得如此复杂。都说美国人的动手能力很强，我想，他们也只是在建房子、修草坪这些特定的工作上动手能力强，但是在做饭的时候就看不出优势了"，刘夫人很客观地说道。

"是啊，我记得我也教过同事包饺子，他们擀起饺子皮来，笨手笨脚，半天擀不好一个饺子皮，更不要说叫他们把饺子馅包进去了。"

"也许是传统吧，美国人做亚洲食物的时候都很无奈，但吃起来却不含糊，尤其对寿司是情有独钟。我在大学的餐厅工作的时候，每次那里做寿司，学生们都会排队领取。由于做的寿司数量有限，所以，他们每次只能限领三个。于是，很多人不只排一次队，因为他们实在太喜欢吃寿司了，要是不给他们限制数量，店里的寿司都不够他们塞牙缝的"，刘夫人说道。

"美国人这么喜欢吃寿司？"我问道。

"是啊，美国人非常喜欢吃寿司，也比较喜欢吃日本的饭菜。在美国，日本餐厅的饭菜一般要比中国餐厅的贵，档次也较高，但日本饭店的老板一般都是中国人，因为在美国开日本饭店，比中餐馆挣钱多。"

刘夫人告诉我，附近有一家很不错的寿司店，于是，我和朋友去了几次，说是日本餐厅，其实老板是个地地道道的中国人，而且还是个南方人，原来是开中餐店的，但是现在却转身开了日本料理店，专门卖日本食物，就是为了赚更多钱。

在美国可以吃到很好的日本寿司。◎赵涵／摄

美国的日式刺身。◎赵涵／摄　　　　　特别可口的日式抹茶蛋糕。◎赵涵／摄

　　这个寿司店面积不大，但非常干净。我去的时候，发现店里的顾客不多，有不少是东方人的面孔，有一个餐桌上坐了一个很文静的女孩子，我以为她是中国人，但没有想到她一张嘴却是非常流利的英语。还有几个男孩子，说的似乎是韩语。旁边餐桌上坐了几个美国人，靠边餐桌上坐的也许是越南人，也许是墨西哥人，一会儿又进来一些褐色人种，不知道是印度人，还是其他南亚什么国家的人。别说，这么小的店，还真有世界风情，顾客来自五湖四海、四面八方。

　　感觉这里的寿司非常便宜，我点了一个船形的寿司，很快就送过来了。各种各样的寿司装在一个很大的帆船模型上，造型非常别致，叫人胃口大开。

　　美国的寿司个头不小，目测比国内的寿司要大一号，我毫不犹豫地抓起来一口咬下去，这个寿司上面是海苔，中间是烤鳗鱼，上面浇了酸甜汁水，非常松软，味道浓郁，真是味美可口，叫人回味无穷。

　　我又拿起一个金枪鱼寿司，发现外表非常漂亮，金枪鱼是暗红色的，牛油果是嫩绿色的，最上面是橙红色的鱼子和香葱，四周还撒了很多绿色的海苔。白色鲔鱼寿司的造型也很美味，肥美的鲔鱼很嫩，浇寿司的汁水带点酸味，很开胃，我们一下子吃了很多。

在美国吃东西，绝对不会担心食物的分量，因为美国人长得牛高马大，所以胃口奇好，他们一份饭的量似乎是我们的两倍，甚至更多。

这里的寿司非常好吃，价位也不算高，我们几个吃得很过瘾。在美国有了不错的工作后，生活也稳定了。从那以后，每到周末，我都会和几个朋友一起去那家日本料理店大吃寿司。相对国内寿司店的价格，美国寿司店便宜多了，哪个人能够抗拒这些物美价廉的寿司？

在美国纽约，有很多韩国人或者中国人开的韩国菜馆。记得有一次在纽约出公差，我们看着满街来自世界各地的饭店，犹豫着去吃哪一种饭，有的时候，选择太多也是麻烦事。中餐已经吃得太多了，西餐也吃够了，日本的寿司也吃了很多，是该换换口味了。

正在这个时候，我的朋友推荐去吃韩国菜。"味道很不错，绝对会叫你当一次回头客。"于是，我们便走进了韩国菜馆，只见里面人气爆棚，几乎是满座，最终我们勉强找到了一个不错的位置，准备尽情享用韩国美食。

食用时，我们先用剪刀将烤好的牛肉剪成小块，然后用新鲜的生菜叶，包卷上烤肉片、青椒圈、大蒜片、葱丝，再蘸着制好的蘸汁食用。由于烧烤的味道鲜美，我们要了很多，服务生一趟趟地给我们端来一盘盘肉和蔬菜，再添加大麦茶，忙得脚不沾地。

吃完饭后，我负责结账，拿起账单，按照惯例，多给了服务生百分之十五的钱，因为在美国，一般都是百分之十到百分之十五的餐钱做小费。可是没有多久，服务生就把我多给的小费退了回来。

"这是你多出来的钱"，韩国的服务生用英语说道。

"不多，不多，你拿着吧，你的服务很好，这是给你的小费。"

"谢谢了，但是我不能要，因为在你的账单里，我已经把小费算上了。"

"是吗？"原来是这样，我便把服务生退的钱收了起来。

"韩国饭店原来这样小家子气，生怕客人忘记给他们小费，竟然直接就在客人的菜单上写下小费了"，一起吃饭的同事说道。后来又去了另外一家韩国饭店，也遇见了类似的事。

大家都感觉韩国人对钱很精细，我想想自己这么多年教过这么多韩国的学生，他们在一起吃饭也非常算计，于是便默许了大家的结论。

　　精细的韩国人做的菜肴同样精细，韩国饭菜的味道好，品种也很丰富。

　　在美国，泰国饭非常受欢迎，泰国饭除了配置本土的一些调料外，也加上一些美国的元素，既符合东方人，又适合美国人，所以很多人都非常喜欢这里的泰国饭。泰国饭调料的味道尤其美妙，叫人吃了难忘。

　　我有一个住在芝加哥的朋友，她和我在国内是一个城市的老乡，平时经常电话沟通，很投机，她邀请我去芝加哥。但是由于工作繁忙，我一直没有时间成行。

　　为了吸引我到她那里拜访她，她对喜欢美食的我抛出了一个巨大的诱惑。

　　"快来吧，只要你来，我一定会请你吃三天最好吃的泰国饭，绝对不重样，只要你来，我肯定不会食言。"听完这话，我二话没说，假期一到，就直奔芝加哥，狂吃泰国饭。泰国饭最妙之处，就是它的调料和酱汁，至于它们到底是如何配置而成的，我想了很久，一直无解。

正宗的韩式石锅拌饭。◎赵涵／摄

泰国菜在美国也很受欢迎。
◎赵涵／摄

但是我知道，我的一个最好的朋友，她是一位聪明的女人，在美国餐饮界工作了几十年，她就有一套调配泰国酱料的本事，这是她的看家本领，她靠着这些高超的技术，在美国餐饮界工作得有声有色，成为这个行业的权威人士。

第3章
玉米饼、仙人掌、鸡卷、烤肉串——墨西哥美食在美国

由于具有得天独厚的地理位置，墨西哥饮食在美国很受欢迎。在美国的饮食行业，墨西哥的饮食占有重要的地位。

墨西哥是文明古国和旅游大国，物产非常丰富，墨西哥的饮食深受人们的喜爱，很多墨西哥菜被誉为世界名菜，与法国菜和中国菜不相上下。

墨西哥菜受古印第安文化的影响，崇尚酸、辣，口味浓重。比如说带着浓烈的酸味和大蒜味的墨西哥托底拉汤，喝上一口，它浓香的味道缠绕于舌，叫人回味无穷。

正宗的墨西哥菜多以辣椒和番茄主打调味，其酱汁也多半由辣椒和番茄调制而成。墨西哥的食物品种丰富，花样繁多，烹调也很讲究，在墨西哥的食物中，玉米制品占了不小的比重。

墨西哥是玉米的故乡，他们自称是玉米人。墨西哥的玉米有数百种之多。用玉米粉烤成的玉米饼，就是"墨西哥薄饼"。

旧金山一家口碑极好的墨西哥餐馆。
◎ 赵涵/摄

总是人满为患的墨西哥餐厅。◎赵涵／摄

墨西哥玉米的口味与国内玉米相当不同。墨西哥玉米颗颗饱满、鲜甜爽口，在美国买玉米，美国农民会自豪地说道，这是来自墨西哥的品种，味道绝佳。在墨西哥，玉米佳肴的品种繁多，比如说面包、饼干、蛋糕、冰激凌、糖果和酒类，统统是用玉米为主料制作而成。

据说墨西哥人祖祖辈辈吃玉米，在他们的国家玉米类作物的品种很丰富。玉米做的食物也种类繁多——比如玉米薄饼、玉米厚饼、玉米脆饼、玉米甜饼、玉米汤、玉米春卷、玉米蛋糕、玉米面包、玉米沙拉酱等。很多玉米的食物传到了该国近邻美国，成为美国饮食的一个组成部分。

墨西哥人一日三餐的主食是一种叫作"Taco"的玉米袋饼，有"墨西哥汉堡"之称。Taco在西班牙文里，本来是"塞子"、"插销"的意思。这种饼就是将牛肉、鸡肉、猪肉、鱼虾、蔬菜，甚至昆虫等馅料，塞在硬玉米饼的凹槽里。

美国人改造了墨西哥的Taco，他们喜欢在其中放很多美味的奶酪。玉米袋饼采用西红柿辣酱、酪梨酱、碎西红柿粒调味，有的时候加上腌黄瓜或酸菜末之类的东西。这类食物美国人非常喜欢。

如果餐厅里做这个食品，美国的学生会排着长队去购买，队伍之长，和等烤鸡翅的队伍有得一拼。出于新奇，我也吃了不少Taco，虽然口味不错，但始终没有美国人对这种食物那样狂热，美国人吃起这个来，一会儿都不停嘴，吃完了再排队拿，好像就没有吃饱的那一刻。这个食物做起来并不很复杂。把Taco卷成两头封口的再用油炸过，便是玉米春卷。

墨西哥著名的开胃小点炸玉米片风行于美国乃至全世界，这是用墨西哥薄饼切片酥炸而成的小食，蘸着酪梨酱或西红柿辣酱进食，香脆爽口。

也许由于玉米的特殊营养关系，墨西哥的男男女女普遍身强力壮，尤其男士，身高体壮，力气特别大，墨西哥工人能吃苦在美国是公认的。很多又累又脏的体力活，比如说修路，就常由墨西哥人去做。给我印象最深的是，我开车走遍美国的时候，发现很多的美国高速公路进行维修，其中大部分修路工人都是粗壮的墨西哥工人。

他们个个身材魁梧、膀大腰圆、健壮阳刚，也许就是由于墨西哥玉米的滋养。这些工人的穿戴很简朴，浑身上下都是汗，但是工作起来依旧很带劲。美国人很懒，他们不屑顶着炎炎的烈日去做这样艰苦的工作，况且这类工作的工资又不高，这就的确给这些肯吃苦的墨西哥人制造了很多工作机会。

墨西哥人不但喜欢吃玉米，还喜欢吃仙人掌。我感觉仙人掌的味道不错，别有一番独特风味。在墨西哥用仙人掌做的菜肴就有100多种，不论大小

高档餐厅供应的墨西哥玉米薄饼卷，做得很精致。◎赵涵/摄

一桌典型的墨西哥菜。◎赵涵／摄　　　　墨西哥玉米薄饼卷，随处可见，好吃不贵。◎赵涵／摄

餐厅都有几种用仙人掌做的菜，五星级酒店餐厅里更有仙人掌高级菜肴，仙人掌味道真不错，有用仙人掌剥了皮后切片，或切条，或切块，或切粒，或捣泥，杂以肉、鱼、鸡，可以变着花样做出很多菜肴，有现榨的仙人掌鲜汁，还有又辣又酸又鲜脆的仙人掌腌菜。

墨西哥盛产仙人掌。据说全国有1000余种仙人掌科植物，有的可供食用，有的可供药用，有的可供观赏美化环境，有的可为沙漠保持水土，也有不少是啥用都没有的杂草。墨西哥人酷爱仙人掌，把仙人掌看作神的赐物，总统举行的国宴上也会端出仙人掌大菜。仙人掌不仅被选为墨西哥国花，其图案还上了墨西哥的国旗、国徽。

在美国，也可以吃到墨西哥的仙人掌，虽然品种不如墨西哥本土的多，但是也有不少，它们摇身一变，成了美国本土的墨西哥菜肴。

在美国，还有墨西哥鸡卷、诱人食欲的墨西哥牛肉串。墨西哥烤肉是墨西哥人的美味，膀大腰圆的墨西哥人，最爱吃烤肉串，并把它当成是一种享受。我发现，烧烤重点在于酱汁，厨师们按照美国不同顾客的口味，调制出不同口味的酱汁和香料。烧烤过后的肉配上这些特制的酱汁、香料，入口带有特殊清香，肉质嫩滑，令人胃口大开。

这些食物也是美国人的最爱。

在美国，只要你愿意，就可以吃到来自世界各地的美食。这些来自于世界各处的饭菜，加入美国的色彩，把本土的做饭技巧和美国的元素结合起来，再做适当的改良和变化，适应了美国人的口味，也不丢失本土的口味，这样在美国非常容易获得市场。

这些饮食丰富了美国的饮食体系，使美国的美食更加丰富多彩，品种繁多，同时也把本国的美食介绍给全世界，真是一件双赢的事。

第4章
浪费严重的美国餐饮业

来到美国后，我最大的震撼是美国丰富的资源，以及优美的自然风光。美国这片辽阔无垠的土地，是如此壮丽。美国绿化与护林做得比较好，到处都是草坪和森林。地大物博这个词用在美国是最恰当的，因为它国土面积大、资源丰富，人口却相对较少。

因为有了这么丰富的资源，美国人好像对他们的资源并不珍惜，对于上帝赏赐给他们的资源，似乎熟视无睹，就像是把上帝给他们的宝石，当作石头去对待。

在我上下班经过的马路旁边，有很多苹果树，不知道苹果树的主人为什么这么懒，到了结苹果的时候，他们的主人根本不管，就算苹果在树下掉落一地，路过的人也不去采摘。

想想小时候，在国内居民楼小区里种的几棵果树，树上每年只结几个数目有限的果子，还没有到果实成熟的时候，一般都会被人摘光了。我非常同情果树，觉得它们长的地方不合适，也同情果树的主人，只有种树的份儿，却很难尝到收获的滋味。为了能尝到自己种的果子，有的主人半夜还要起来好几次，看看门外的果实还在不在树上。

在美国，情况却完全不同，很多果树，无论是苹果树，还是其他的什么树，无论长在什么地方，树上的果实都无人问津。那些果实鲜亮地挂在树上，姿态诱人地等待着人们去摘取，可是不知道为什么，人们却对它们熟视无睹，任凭这些可爱的、鲜美的果子掉落在地上，自生自灭。每次看着这些肥美的、无人采摘的苹果，我就感觉非常可惜。虽然有些勤快的美国家庭主妇，把新鲜的苹果做成苹果酱，或者是烤苹果点心，但被食用苹果的数量，远远少于被浪费掉的数量。

在上班途中，我会经过一片广阔的湖水，这个湖的面积非常大，一眼望不到边际，湖里有很多的淡水鱼。要是在国内，这里就是富裕的鱼米之乡，国内很多比这里规模小很多的湖，附近的居民也会富得流油，他们会很早就起来，打鱼摸虾，然后到附近的集市上去卖，收入颇丰。即使湖里没有更多的鱼，他们也会自己放置一些鱼苗，把它们养大去卖钱。但是在美国，情况却完全不一样，在美国几乎没有人吃淡水鱼，这叫人很吃惊。

来了美国，在我所居住的环境里，超市里卖的鱼全都是海水鱼。各种各样的海鱼，价格不高，远远低于国内的价格。我没有在美国人开的超市里见过淡水鱼，但是有朋友却见过美国人在湖里钓鱼，那只不过是一种运动项目，钓到鱼以后，再把它们放生，没有听说谁把河鱼拿回家烹调。

淡水鱼里有很多好的品种，有些味道还相当不错，即使这样美国人对淡水鱼也不感兴趣。在美国餐饮界工作的时候，从来都没有做过淡水鱼的食物，更没有见过淡水鱼的食物。在美国朋友的各种聚会中，也从来没有吃过任何含有淡水鱼的食物，总之一句话，周围的美国人几乎和淡水鱼绝缘。

  有一种解释是因为淡水鱼的刺多，美国人不会用嘴挑刺。刺多的主要危害是不便于商业销售，特别是熟食销售，销售带刺的熟鱼，是需要负法律责任的。美国的法律规定得又细又严，这导致商家不敢销售细刺多的鱼。

  美国人只吃没有细刺的海鱼，这都近乎成了习惯。我觉得，要是让粗线条的美国人去吃带细刺的鱼，怕是很容易出现被鱼刺卡到喉咙那样的麻烦的。中国人经常吃带细刺的鱼，形成吐刺的习惯，就不那么容易陷入此类麻烦。但美国人跟中国人做饭方法差别太大，中餐那些相对繁琐的方法他们都不会，所以说还不如不吃。

  美国人不吃淡水鱼的第二个原因是，美国海鱼可以大规模捕捞，捕捞成本便宜，导致海鱼便宜。在河湖捕鱼相对麻烦，对于劳动力价格极高的美国，河湖捕鱼难以形成大规模捕捞产业，难以与海鱼竞争，导致河水捕鱼产业萎缩或消失，这也导致美国人没有吃河鱼的习惯。

  美国人不吃河鱼的第三个原因来源于美国河水曾经的大量污染。美国河水在20世纪50年代污染状况相当严重，以致淡水鱼产量减少、质量下降，这导致了美国人逐渐放弃吃淡水鱼。

  后来美国河流的环保状况得到改善，污染已不再那么严重，但是美国人不吃淡水鱼的习惯却已经养成，不再容易改变了。对于食物丰富的美国人来说，放弃淡水鱼也没多大影响，因为他们有更好的食物。要知道，美国海鱼资源的丰富程度出乎很多中国人的意料。拥有东西两条海岸的渔场，还前往世界各地的许多深海洋区捕鱼的美国，比起只有一条东海岸、远洋捕捞的整体水平也比不过美国的中国，本来就具有极大优势。美国有着极其丰富的渔业资源，国内那些昂贵的鱼，在这里价钱便宜得叫人吃惊。

在美国的饭店里，鱼的个头、新鲜程度、鲜美的味道和国内远不是一个数量级，到美国旅行探亲访友，可以多带点合适的调料，做出你喜欢的口味的鱼，这里的海鱼物美价廉，市场供应十分充足。

美国人也基本不吃动物内脏，猪头肉、猪下水、猪蹄、肥肉等全都不在他们的食谱上，这点很有意思。因此，他们觉得吃这些被中国人视为珍品的东西是件非常不可思议的事。超市里只卖已经加工好了的瘦肉，那些肉都被切得整齐划一。至于猪身上其余的部分，他们压根就不知道该怎么处理。根据我在美国饮食界工作的经验，那些东西或许只能运进垃圾站丢掉了吧。不知道欧美历史上有没有中国历史上的大饥荒，给人们留下难以忘怀的记忆，他们不用像中国人一样什么都吃，什么都敢吃。

美国的资源丰富，所以他们也有浪费的资本，美国人活得非常仔细，他们非常爱惜自己，对食物的新鲜程度非常在意。

别的行业我不知道，在餐饮业我感觉是这样。从事餐饮行业感触最深的就是美国人对食物的浪费，他们的浪费不是一般的浪费，而是相当严重的浪费。

我曾经在美国大学餐厅里工作，这个餐厅的规模不小，每天在下班之前，餐厅里工作人员所做的事就是扔东西，那些削好皮的各种水果，只要是摆到餐厅桌面上的，有些几乎没有动过，就必须扔掉。

至于餐厅里精致的、可爱的、价格不菲的、美丽的奶油小点心，也是同样进入到垃圾堆的命运。做好的熟食，比如比萨、汉堡、薯条、炸鸡腿、炸鸡翅，以及其他，如果没有卖出去，它们一般不会被放入冰箱里等到下顿饭再卖出去，而是直接倒掉。

很多时候这些食物刚刚做好，还很热乎，样子非常诱人，但没有卖出去，餐厅里的工作人员一到下班的时间，就把它们毫不犹豫地扔掉。可怜那些香喷喷的食物，刚刚出锅，直接就跑进垃圾箱里面了，根本没有摆到外面的机会。

因为到餐厅里的学生数目不好估计，有时候多有时候少，要是准备的食物数目不够，学生们下课没有买到饭，会非常不满意，他们会在留言簿上发泄不满，给餐厅提出很多意见，这样厨师就会有麻烦，这是大家不愿意看见的事。

于是，厨师们生怕自己准备的食物不够，学生来买饭的时候，如果没有可以买的食物，那就是最大的失职。为了不失职，他们每天都准备很多，许多食物就剩下了，剩下的食物就全部扔掉。

大家每天吃得肚子很饱才回家，吃饱还不算，很多人再顺手牵羊拿些东西回去，反正不用交钱。许多同事即使不上班，有时候也顺便过来吃顿饭，这里的老板很大度，也不会在意那点东西，因为剩下的食物也是全部倒掉。

剩下饭菜的处理方式，是个挺有意思的问题。据说全球闻名的快餐模范肯德基和麦当劳曾经自我标榜，所有的食物都不会保存24小时。但国内的某些事实证明这只不过是他们从营销角度做的一种宣传。很多人都说，自从他们登陆中国后便被同化了，变得不再遵守规则，所以在中国的这类连锁快餐企业爆出了很多食品卫生违规的事。但是在美国本土，他们可是不敢这么做的。饭店的规定非常严格，如果被有关部门稽查到违反规定，会有很大的麻烦，被处以的罚款将远远超过非法所得，而且还会被记录在案，这对经营者来说将永远都是个污点。

美国人非常在乎信誉，没有人会为了一些小钱而影响到信誉，所以美国的餐饮公司不愿意因小失大。更重要的是，与对信誉的重视程度相比，他们似乎丝毫不在意节约，中国老板精打细算的成本意识，在美国老板那里不太流行，他们更加注重的是拿金钱与投入打造的个人名誉。

美国饭店里的大部分食物，按照操作规程，做好后绝对不可以保留24小时。有些食物比如说薯条、汉堡、鸡肉卷饼、各种意大利面，做好了，如果没有卖出去，一般都会立刻倒在垃圾堆里。厨师们在下班之前，必须处理好所有的食物，洗刷所有的厨具。只有做完所有的一切，才能下班。

有一次，我觉得把一些还没有烹调过的东西扔掉怪可惜的，出于好心，把它们放到了冷库里。第二天工头就来找我的麻烦，对我进行了单独的谈话，认为我没有按照操作规程去工作，把很多东西放错了地方，他说我简直是个懒惰的家伙，工作不会动脑子。每个东西都有各自固定的处理方式，该往冷库里放的东西，必须按规定的时间地点放置并贴上相应的标签；不该往冷库里放的，那就一定不能放。别人都干得好好的，为什么我就不行？

当然美国的领导说话虽然严厉，但是他们的态度还是客客气气的，因为他们相对来说比较尊重劳动者的权利，美国的劳动法规定了很多对劳动者保护的权利。

天啊，我觉得费力不讨好，好心办坏事，委屈得想哭，我的同事为了自己省事，一般都把食物倒掉，只有我想着为公司节省一点，费尽心思把东西存放好了，结果还挨了一顿批。辛苦做好事是这样的结果，我感到比窦娥还冤，也感觉自己很窝囊。

从那以后，我就痛改前非，我把所有的剩下的东西全部扔掉。有时候，我工作完了，手头上还剩下了不少新鲜的鱼、虾以及牛肉、鸡肉、猪肉，这些都是一些非常新鲜的食品，刚刚生产的好东西。我却

找不到足够储存的空间，要是放到冷库里，放得不符合工头的心思，或者是把标签写错了，没准第二天还会有麻烦出现，干脆全部倒在垃圾里算了，这样多省劲。

如果他要是问的话，我就说全部用完了，反正大家都这么做。老板不会跟你计较这些小事，很多被倒掉的东西即使在美国也是价格不菲。

那些东西我扔得有些心疼，虽然不是自己的，但就是心疼，从小就被教育哪怕浪费一粒粮食也不应当，可是，这里浪费得何其严重。但没有办法，在这里工作不求有功，但求无过。我不希望工头再找我单独谈话。

还有很多加工过的新鲜蔬菜和水果，有时我的同事们都懒得去收拾。因为这些食物要是放进冷藏箱，需要标记出时间日期，还需要摆放整齐，那得花费大量时间，费力不讨好。我觉得，和中国人相比，美国人很懒，别看他们长得五大三粗，但是天生娇贵，不能吃苦，也很怕累，所以他们处理问题非常简单直接。除了一些格外昂贵的食物以外，要让他们仔细处理价值不高的食物，简直是要了他们的命。所以他们时常直接把不用的食物全部倒掉，这是最为简单的工作方法。向我传授工作经验的人全都是这么做的。他们一边倒一边告诉我，这样就不会有任何麻烦出现了。

还记得有一次，师傅教我学做沙拉。美国的沙拉非常好吃，由各种各样的时令新鲜水果组成的，再拌上奶油，味道妙极了。

做沙拉首先要干的工作就是切水果，把各种水果的皮削掉。

我的师傅要先教我如何削菠萝。我直接告诉他不用教了，我会做。菠萝是我最爱的水果，我在国内经常吃菠萝，削皮还不是简单的事吗？于是我就开始干了起来，刚削了一半他就直摇头叹气。之后，忍无可忍的师傅走上前来，三下五除二，不分青红皂白地把我削好的菠萝全扔进了垃圾堆里。

然后他向我演示正确的做法，我仔细地看着师傅是如何工作的。首先，把菠萝的皮削掉，他削了很厚的一层。接着他又拿出了一个我从来没有见过的工具，把菠萝中间的很大一部分给削掉了，他的理论是这个部分不能吃，因为不好吃。

我突然悟到一个重要的道理，在美国人的眼里，他们肯定认为菠萝和苹果、梨那类的水果一样，中间的部分是核，的确，菠萝的中间那块比较硬，在美国人的眼里那就是核了。

如果一个波萝1.5公斤重，削掉里面和外面以后，剩下可以用的部分，恐怕也只有不到0.5公斤了吧，其余的东西全部倒掉了。

现在我知道了，美国人做饭的成本到底有多高，要是全世界都拿着美国人的饮食标准去生活的话，这个世界很快就会出麻烦，人类的资源很快就要枯竭。

美国人煎鸡蛋也是超级浪费，只要鸡蛋打开的时候，黄有一点散，立马就扔掉，因为不新鲜，对身体不好。按照美国师傅的话来

说，吃了黄散开的鸡蛋，问题就比较严重，因为她并不知道有什么比这样的鸡蛋更加不新鲜的食品，要是拿着这样的食物做成食品去卖，后果将会是不妙的。可是她并不知道，这样的鸡蛋我已经吃了不少，依旧好好地站在她的身边工作。

在美国，鸡蛋也是种很重要的食材。美国人喜欢把鸡蛋煎得半生不熟的，然后再加上一些奶酪，这样的食品，美国人吃得津津有味。

在美国，人们经常把鸡蛋和奶酪一起吃，或者把鸡蛋和黄油炒了吃，这也许是由于文化的缘故吧。即使是煮好的鸡蛋，美国人也不会像中国人那样蘸着酱油去吃，而是加上一些国内所没有的调料。

记得我的师傅教我做过一种鸡蛋食品，名字忘记了。我记得是这样做的：先从冷藏箱里拿出一袋黄色的、大约几千克重的早已经搅拌好的生鸡蛋混合体，放到操作台上加热，做成薄薄的鸡蛋饼，然后在做好的鸡蛋饼上加上黄色的奶酪屑，再加上压成碎末的培根和一些火腿，还有各种切好的蔬菜丁（比如洋葱丁、黄瓜丁、西红柿丁等），等奶酪融化的时候，就把鸡蛋饼给叠好，把所有的食物整齐有序地包起来，最终的成品是一个漂亮的正方形。这个鸡蛋制品非常受欢迎，我记得很多美国人都喜欢吃。

在美国的餐饮界，你烹调的时候，要是做什么食品，没有做出你计划的味道和形状，直接扔掉再做就行了，至于原料，这里多的是，这类饭店财大气粗，是不会计较你这一点点成本的。

开始，我还看不惯这种行为，很心疼。到了后来，慢慢地

就麻木不仁了。美国人的胃很娇贵，稍微一不注意就容易生病。

我的一个姓刘的朋友，来美国几十年了，在中国人的餐馆和美国人的餐馆都工作过很长的时间，后来经商发财了，个人的资产在美国属于中上层。她依旧感觉到美国的饮食行业，尤其是高校的饮食行业，浪费是个非常严重的问题。

但她却承认，美国的餐饮业的卫生非常叫人放心，这归功于食品卫生法贯彻得好。美国人严格按照操作规程办事，哪怕是造成浪费也绝不违法，一方面是美国人自律性强，以及长期以来形成的饮食观念；另一方面，联邦政府负责食品安全的部门与地方政府的相应部门一起，构成了一套综合有效的安全保障体系，对食品从生产到销售的各个环节实行严格的监管，一旦查出餐饮问题，就会给予严厉的处罚，甚至逐出餐饮业，信用大受影响，在信誉卡内会被记录在案，这种损失可要远远大于违法获得的那点利益。

美国的消费者对本国的食品安全很放心。因为这里长期以来建立了严密的监管体系，同时很多美国管理者也的确对商业信誉格外重视。

美国的餐饮业叫人放心，美国的空气好，水资源丰富，食物的品种非常多。在这样的环境之下，根本没有造假的土壤。与其造假，不如老老实实地经商。要是出了质量问题，以后在饮食业根本没有混下去的可能。浪费严重，吃起来却有叫人极为放心，这是我对美国饮食工业的认识。

美国人有着世界上最优秀的胃口，同时他们也有着世界上最挑剔的口味，无论贫富，一般没有吃剩饭这一说。他们是不会吃剩饭的，也没有吃剩饭的概念。吃不完的东西就该扔掉，下顿饭再吃刚做的食物，这是他们日常生活的普遍习惯。

美国人即使口袋里没有几个钱，也不会亏待自己的嘴和胃。与此相关的问题很不幸，他们还有着世界上最糟糕的身材，一个个大腹便便，身材要多可怕，有多可怕。在中国的胖人，到了美国后，立刻感觉变得苗条起来，因为他们肥胖的级别和美国人相比，真可谓是小巫见大巫。

第 5 章

在美国，有钱也不能随便买酒

酒在人们生活和社交活动中，扮演着不可缺少的重要角色。中国如此，美国也不例外。不过对中国人来说，喝酒是"重头戏"；对美国人来说，喝酒是"余兴节目"。

美国人请客比较尊重个人意愿，宴席上不劝客人喝酒。客人就是一口酒不喝，主人也不会不高兴。美国人认为，一个人喝醉了是件丑事，在别人面前醉酒是没有礼貌的行为。同席的人下次见面会很尴尬，关系容易变得疏远。

我认为，美国人比较保守，尤其是那些有教养、有信仰的美国人，更显得保守。他们会很注重家庭，一般晚餐都是全家围坐在一起吃，很少在晚上出去应酬，他们不喜欢把休息的时间用在工作上。而中国人喜欢把酒席安排在晚上下班的时候，大家一起喝酒开心，这个时候借机谈事情方便。

在中国只要有钱，什么样的酒你都能喝到，可是在美国却不那么容易。

在美国与加拿大，烟酒属于管制性商品，并不是所有的商店、超市都有资格出售烟酒的。想要出去喝酒就必须到有售酒资质的地方喝，比如说酒吧，而不是随便哪处餐馆之类的服务场所都可以。

想在美国喝酒光有钱是不行的。美国的法律明文规定，买酒的和饮酒的，都必须年满一定岁数。要是你想在美国的商店里买酒，记住一定要带上相关的证件，比如说社安卡（类似于中国的居民身份证）、驾驶证等有效身份证件。证明你已经是成年人，年满18岁或者21岁。因为不同的州，对买酒和饮酒的年龄限制有不同的规定。

由于东方人的外表很年轻，即使你已经人到中年，也必须出示你的驾照或者是其他证件以证明你有权买酒，否则美国人是不会把酒卖给你的。

记得我一个朋友，已经人到中年了，但是外表非常年轻。她刚到美国的时候，想买一些酒回家请朋友一起喝，可是临出门结账的时候，售货员叫她拿出证件以证明她已经年满18岁。此举使她大吃一惊，连忙解释自己已人到中年，可是结账的店员仔细看看她，认为她不可能年满18岁，最终也没有卖酒给她。虽然没有买到酒，但她似乎并不是很沮丧，她告诉我，心里说不出是高兴还是生气，美国人竟然看不出她是个中年人，让她非常意外。

即使是成年人买酒，美国人也会叫顾客拿出证件，这好像就是一种例行公事的检查一般。要是一个大孩子，想冒充成人，蒙混过关，是根本不可能的。

大家都知道，酒精会使人反应迟缓，降低判断力。因此，世界各国交通法规对酒后驾车都有明确限制，尤其是美国这个车轮上的国家，几乎人手一辆车，酒后驾车和醉后驾车，会对人的生命财产造成更加严重的威胁，同时也会带来许多社会问题。正因为这样，美国几乎是世界上对酒业管理最严厉的国家，从酒的生产经营到人们消费各个环节，都有明确的法律条文规定，餐馆、酒吧和商店必须申请专门的营业执照才能出售含有酒精的饮料。

美国对稍微与酒有关的行业单位、经营场所、消费对象、动作行为，都严加控管，措施到位。在美国，公共电视媒体宣传，只能见到啤酒广告，绝对不会有其他烈性酒的广告，在周末休息或节假日经常可以看到酒吧爆满的壮观场面。

但美国的酒吧也和美国的饭店一样，非常安静。不像国内的饭店和酒吧那样喧嚣。在酒吧间里，虽然人很多，但也是安静异常，大家都很讲规则，轻声低语。

大多数美国人喝酒，喜欢浅尝小酌，

自制力强，很难见到像在中国餐馆饭店里醉倒在地的酒鬼，但并不是说美国没有醉鬼，美国的醉鬼也不少，尤其是一些黑人聚集的地方，喝酒吸毒的人不少。平时看起来彬彬有礼的白人，只要一喝酒，转眼就可能变成另一个人。

美国东部地区各地酒吧很多，在旅游景区更是星罗棋布。常看见酒吧里面坐满了美国人，喜欢饮酒的他们肯定会在酒吧里泡上几个小时的时间，正如广州人喝早茶一样。

在周末和休息日的时候，是酒吧老板发财的大好时机，同时也是美国警察最忙碌的时候。因为他们非常了解人们的生活习惯，知道半夜是人们酒场散伙的时候。这个时候，警察就躲在酒吧附近和一些隐蔽之处，像猎人一样，为了捕捉猎物伺机而动。

在美国，除了大多数人在周末休息和节假日饮酒外，工作日里喝酒的也大有人在，尤其是一些年轻人，感到工作压力大，借酒减压。

中美在酒文化上还有一个差异就是劝酒。中国是酒文化大国，饮酒习俗源远流长，劝酒更是酒席上必能看到的传统节目，劝酒动作成了很多人的习惯与本能。美国人一般都不劝酒，主人在席间的常用语也就是："你喝不喝？""要再来一杯吗？"

无论是主人对客人，还是客人们之间，绝对不会有人坚持要你喝，要你多喝。而是你想喝就喝，不想喝就不喝，喝多喝少无所谓，饮酒气氛很宽松。美国人的所谓干杯，实际上就是中国人说的随意，想喝多少就喝多少。

美国人在任何情况下喝酒，都是自己随便喝。就算是草根蓝领聚堆喝酒，不论大家喝得多么兴奋，都不可能逼对方多喝一杯。如果你缠着不放，硬逼对方喝酒，哪怕是最好的朋友，哪怕是亲兄弟，都会生气翻脸，甚至出手打劝酒的人。因为他们的观

点是，喝酒是个人开心的事，怎能被他人控制？

美国人最喜欢喝鸡尾酒，它代表了美国的文化。鸡尾酒的现代概念很简单，就是把两种以上的酒精饮料混合在一起，盛放在相应的酒杯里，并用水果装饰的合成酒精饮料，这种做法已经有几百年历史了。

鸡尾酒所蕴含的酒文化与"美国精神"基本一致。美国的酒文化与中国完全不同。在中国，朋友在一起吃饭，开几瓶"二锅头"众人举杯一饮而尽，是一种中国人独有的增进感情的方式。而在美国，喝酒是一种消遣，他们倾向于喝一些软性酒，烈酒都是以鸡尾酒的方式饮用。

最有趣的是美国人在一起喝完酒后的付账，不像中国人那样，虽然心里有些不甘心，但是在表面上还是抢着做东，充大头。刚到美国的时候，我的一个华人上司就告诉我，美国人对账目算计得非常清楚。如果是两个美国同学一起出去喝酒，他们肯定会把自己喝的酒瓶子放到身后面，喝完该结账的时候，他们都会各自数数身后的酒瓶子，以此来判断谁付多少钱。亲兄弟明算账，况且是君子之交淡如水的美国人之间，他们的账算得更加明确。

很多看似文雅的美国人，喝完酒后变得不可思议。我认识一个叫小张的中国留学生，他是大陆的富二代，家里资产雄厚，在国内大学毕业后，父母又拿出重金叫他到美国继续深造。

小张知道父母对他殷切的希望，他的父母很有想法，想把产品打入美国市场，花钱叫他到美国学习，是希望他学到真本事，而不仅仅只是镀上一层金。另外，还希望他积累一些人脉，为将来把生意做大铺好路，送儿子出国，也是家族产品走出国门的第一步。

小张本人的英语水平有限，他不想只在华人堆里混。在国内的时候，小张就听说过了，很多留学生抱团取暖，结果来美国很长时间了，英语水平也没什么提高。他要在最短的时间内提高自己的语言水平，于是就想着和美国同学做邻居，租一个单元房。虽然单元房的价位比较高，但若和美国同学做邻居，就能尽快提高口语水平，了解美国的风情，适应美国的社会，为将来进一步在美国生活打下基础。

然而现实总与预想不同，当他顺利租到房子后，却和美国的同学发生了许多冲突。由于小张刚到美国，还不适应这里的学习节奏，同时语言也有些障碍，所以很快就落下了一大堆作业没有写完。周末的时候，他拿出课本，想安静地好好做做功课。

　　没有想到，当他刚拿出课本的时候，旁边单元房的音乐就开始响起来了，开始的时候，声音比较小，可是后来声音却越来越大。除了音乐，还有很多其他不明所以的声音，他听了听，应该是男女之间跳舞的声音、说话的声音、唱歌的声音，还有很多其他叫人产生联想的声音。他本来想去敲门，可是初来乍到，不好意思面对面地和邻居交涉。

　　小张忍耐了半天，本想着音乐会自己消失，结果等了很长时间，邻居的音乐却丝毫没有减小的迹象，而是夹杂着男男女女调笑的声音一浪高过一浪，最后叫他忍无可忍。想着眼前的作业堆积如山，小张拿起身边的吸尘器把手，使劲在墙上敲击几下，结果邻居依旧我行我素，丝毫没有停止的迹象。

　　小张又敲打了几下，这时候，邻居家的声音小了，过道里有走路的声音，他打开门想看看到底发生了什么，只见对面一个男士手里拿着一个长管子似的东西也走出来，还有一个男士手里拿着一个斧子走出来。

　　小张本来想说话，但是看见他们这副架势，心里大吃一惊，好在他反应比较快，对他们笑笑，那两个美国人也对他笑笑，各自回去了。

　　小张仔细想想刚才情景有些后怕，他记起早来美国几年的同学告诉他，美国同学都很客气，可是万一喝酒的话，是什么事都能做出来的，喝醉酒的美国人就仿佛换了一个人，因为他们正常的神志被酒精破坏了。

　　说不定刚才他们拿斧子出来，就是想找自己的麻烦，分明就是打架的架势。后来凉风一吹，清醒一下，看见自己微笑起来，才没有动手。想起这些，小张出了一身冷汗，那个长管子，是不是枪？美国可是一个允许持有枪的国家，在校园里发生了多少次枪击案，起因都是一些琐碎的小事，最终酿成了大祸。

　　为了安全起见，他很快就搬离这里，和中国同学做了邻居。虽然大多数美国同学很友好，可是有些人喝醉后立马就变得跟暴徒无异，他很难同这样容易冲动的人和睦相处。

第6章
美国的酒吧文化和酒

来美国的时间长了，有了不错的收入，认识了很多朋友，也学会了爱惜自己，在紧张的工作之余我会时常出去放松一下。

周末的时候，我在美国的休闲项目一般是去酒吧，或者去看电影。在美国看电影和国内的影院差别不大。但美国的酒吧，却有着独特的异国文化氛围，并不是所谓特殊的场所，而是人们之间正常交流的社交场所。

美国的酒吧无所不在，顾客盈门，酒吧所销售酒的度数并不高，除此之外，酒吧也供应一些食品，酒吧的气氛非常好。像我这种酒量不大的人，也喜欢经常过来和朋友们小聚一下，时间长了，慢慢也成了酒类鉴赏家。

美国人家庭观念很强，他们下班的时间一般都会回家，和家人一起享受休闲时间，人们不愿意晚上的时间也忙于工作，更不愿意晚上陪客人到饭店应酬。

但和朋友一起去酒吧消遣，那就另当别论了。

我认识的很多美国人都喜欢喝酒，因为喝酒是一种消遣、打发时间的办法，他们喜欢到酒吧休闲。

有不少成年人去酒吧，但年轻的学生或者单身人士更多一些，他们想在酒吧认识新的朋友。美国对喝酒有年龄限制，酒吧里的学生一般都是高年级的。

和朋友聚会经常去我住宅附近的那个酒吧，那是一家最普通不过的美国酒吧。它的名字我记不清了，我只记得里面非常有艺术气息，墙上到处都是画，大小不一，风格多样，有简笔画，有立体画，有的精致唯美，有的野性奔放。酒吧和艺术品同时陈列，这种看似不搭边的东西，在美国的酒吧却非常和谐。很多美国酒吧的设计非常有品位。

那家酒吧的内部装潢设计得比较昏暗，但很安静，客人们围坐在一起喝酒轻声交谈，里面播放着生动的音乐，环境并不嘈杂。这个酒吧还提供饮食，我看见菜单上有汉堡、牛排、沙拉和一些小吃，还提供各种葡萄酒、啤酒和一些其他的加冰的饮料，有时候饮料加的冰块比饮料都多。美国人就喜欢这种冰镇饮料，冰是美国饮料中最重要的组成部分，美国的超市里成包地卖冰，我不知道如果离开了冰，美国人的生活还能不能正常进行。

如果你不想喝加冰的饮料，必须要特别说明。

我的朋友张先生是个美食家，他在美国生活多年，对美国的酒类有着精深的研究，他告诉我，在美国的很多酒吧也提供欧洲产的啤酒，较之苏格兰威士忌和爱尔兰威士忌，美国威士忌口感较甜，价格比较便宜。

张先生说，美国人喜欢给酒起一些另类的名字，我看了鸡尾酒的酒单，发现很多有趣的酒名，比如酒吧里比较流行的鸡尾酒叫"马希尼"、"皇室的微笑"，真是讽刺。

我入乡随俗，按照美国的风俗，和一起来的两个朋友轮流买酒，这种请客方式在美国很流行，先是张先生买酒，然后是刘夫人买酒，最后是我买下一轮，我们每个人都轮流排队给大伙买点喝的。

我感觉美国的啤酒多数口味较轻，酒精含量也较低，感觉就像在喝饮料一般。

张先生知识渊博，我们一边喝酒，他一边给我们介绍美国人饮酒的历史。张先生告诉我们，美国是个酒类消费大国，很多人都喜欢喝两口。据统计，每年美国人花在喝酒上的钱，超过700亿美元。

美国人一般喝啤酒、威士忌、鸡尾酒和葡萄酒比较多。啤酒到哪里都是人们最喜欢的酒精饮料，美国也一样。美国威士忌是很出名的，是美国人最爱的烈酒。美国的第一个蒸馏酒厂就是威士忌酒厂。鸡尾酒就是美国禁酒时期美国人发明的，在美国是很受欢迎的酒类。美国是全球第四大葡萄酒生产国，他们每年不仅喝美国所生产的葡萄酒，而且从世界各地进口大量的葡萄酒。

美国人很少喝白酒，也许白酒的度数高，他们享受不了。他们愿意喝红酒或白葡萄酒，因为美国好多地方产红酒，也进口好多葡萄酒，价位从几美元到几十美元，甚至几百美元一瓶的都有。在美国的酒吧，鸡尾酒必不可少。世界上有数以千计的酒和数以万计的饮料，所以人们可以调制出任意花色品种的鸡尾酒。

关于鸡尾酒有很多传说，但有一点是共同的，即鸡尾酒是创新酒。鸡尾酒的起源现在谁也说不清，根据一个英文短语"Cock your tail"，大意是把你的尾巴翘起来，也就是打起精神来。

从19世纪末到20世纪初，美国鸡尾酒很流行。那时美国国民是由多民族

酒吧一瞥。◎赵涵／摄

构成的，所以饮酒文化没有被传统的习惯所束缚，在饮品和饮用方式的创新方面都表现出积极的姿态。

有这样一个故事，在一次盛大的宴会上，中国人、俄罗斯人、法国人、英国人、意大利人都争相夸耀自己的酒，只有美国人笑而不语。

中国人首先拿出古色古香、精心酿造的茅台，打开瓶盖，香气四溢，众人为之称道。紧接着，俄罗斯人拿出伏特加，法国人拿出大香槟，英国人取出了威士忌，意大利人亮出了葡萄酒，种种佳酿真是异彩纷呈。最后，大家都把目光投向了美国人，想看看他到底能拿出什么来。

只见美国人不慌不忙地站起来，把大家先前拿出来的各种美酒分别倒了一点在一只酒杯里，将它们混合在一起，说："这就是我们美国的酒——鸡尾酒，它体现了我们美国的民族精神——博采众长，综合创造。"

所有的人都感到惊奇。

的确，这酒既有茅台的醇，又有伏特加的烈；既有葡萄酒的酸甜，又有威士忌的后劲……尺有所短，寸有所长。取长补短，博采众长，吸取别人的优点，为我所用，这就是美国的鸡尾酒。

美国是鸡尾酒艺术的发源地。在20世纪20年代，美国人发明了很多经典鸡尾酒，这使鸡尾酒文化贴上了一个美国标签。而调制鸡尾酒没有什么原则上的清规戒律，只有细节上的精雕细琢，美国鸡尾酒文化的内涵同美国文化的精神内涵基本一致。

有人说，从鸡尾酒的调制中就可以看到美国的精神，这句话确实有道理。

美国人除了喝鸡尾酒，还喝伏加特，伏特加虽然是烈酒，但在美国的销量却非常大，原因很简单，它是一种百搭酒，可以与各种饮料调配饮用。

美国的酒文化与中国完全不同。在中国，朋友在一起吃饭，开几瓶二锅头众人举杯一饮而尽，是一种中国人独有的增进感情的方式。而在美国，喝酒是一种消遣，他们倾向于喝一些软性酒，烈酒都是以鸡尾酒的方式饮用。

在美国大家都是自己喝自己的酒，没有人劝酒，互相不干涉。如果有人劝酒，反倒是一种干涉他人自由的不礼貌的行为。

张先生讲得非常生动详细，我们也听得津津有味。正在这个时候，我发现服务生看着我们，张先生看见服务员的眼光后，非常麻利地拿出几张钞票放在坛子里，他告诉我这个坛子是给服务生盛小费的坛子。服务生看见张先生把数额不小的小费放到坛子里后，很开心，更加卖力地为我们服务了。

有钱能使服务生推磨，我明白了原来美国的酒吧和美国的餐饮业一样，小费是服务生工资的一个组成部分，而且是相当重要的组成部分。酒吧的小费和饭店的小费差不多，一般来说都是所消费数目的百分之十到百分之十五，当然有不少客人会多给服务生小费，有些客人也会给得很少，这个可以根据客人的具体情况来决定。

如果给服务生小费多了，他们会更加卖力地为你服务，如果下次再遇见服务生的时候，他们也非常期待能再次为你服务，在美国，做一个大方的客人，会享受到更加优质的服务。

在美国待的时间长了，我知道了美国的各种文化和社交礼仪，同时也了解了不少酒吧的历史和文化。我知道酒吧在美国文化中独一无二。在殖民时期，酒吧就创造了一种独特的公众领域。很多人把酒吧比作伦敦的咖啡厅或是巴黎的沙龙，但这并不完全恰当，因为那些只是中产阶级的聚集场所。

而在酒吧里人们是不分身份的，各个阶层的人都混在一起，没有任何界限。在酒吧里，人们可以迅速结交新朋友，而不必考虑他所处的社会阶层。

人们越来越喜欢去酒吧，酒醉时大发牢骚，酒醒了便抛之脑后。所以酒吧也是人们分享新闻谈论消息的场所。很多酒吧有一个不成文的规矩，自报家门，就是说介绍自己。在这里，你可以看到律师、大学教授、出租车司机和洗碗工在一起谈论政治，老板和雇员平等地坐在一起喝酒，在这里畅饮能够改变人们之间的关系，这里不会有人仗势欺人。

美国东部地区各地酒吧为数不少，旅游景区更是星罗棋布。常见酒吧里面坐满了美国人，他们在酒吧里，一般都会舒服地泡上几个小时，真有些像广州人喝早茶一样。

在美国，除了大多数人在周末休息和节假日饮酒外，工作日里喝酒的也大有人在，尤其是一些年轻人，感到工作压力大，借酒减压。但在周末和休息日，更是酒吧老板发财的大好时机。

除了去酒吧，人们在家里的聚会也少不了酒。无论是美国人还是美籍华人，都喜欢在居家举行各种聚会和节假日庆典，邀请亲朋好友、同乡同事参加。

这类喜庆活动的场合，主人绝不会贸然以白酒招待来宾，顶多以葡萄酒

一处优雅别致的酒吧。

为主，以啤酒为辅，因为来客多半要开车，宾主都很理智，深知酒后醉驾要受到罚款和监禁等严厉惩处。

周末是美国警察最忙碌的时候。因为美国的警察非常聪明，他们非常了解人们的生活习惯。警察们深知，周末的时候，是美国人最放松的时候，忙碌了一周的时间，大家喜欢到酒吧或者到朋友家里聚会喝酒。知道半夜是人们酒场散伙的时候。所以在周末的时候，警察非常活跃，他们常常躲在酒吧附近或要道旁的隐蔽之处，就像猎手一样，为了捕捉酒驾的"猎物"伺机而动。

我不知道抓住酒驾者算不算警察的工作业绩，但他们的确是在尽心尽力地抓。我周末开车的时候，经常会看见路边有警察把某个车主叫停训话或者罚款。

有几个周末晚上，在我驾车回家的路上，忽然发现车后不知何时多了辆紧追不舍的警车。我不知道警察是否也把我当成了酒鬼，但一般情况都是有惊无险。他们跟了我一段路后，发现我不像酒鬼，而且在停车标记旁边准确停下了车，没有什么把柄可抓。于是他们终于掉转了车头，不在我的身上继续浪费时间了。

但是很多喝酒过头却又心存侥幸的家伙就没有这么好的运气了。警察总有办法叫他们服法，无论是之前多么嚣张的人，在对其执法的警察面前也会乖乖熄火下车，老老实实接受盘查与讯问。

在美国生活一段时间，参加了不少聚会，喝了很多酒，我发现美国啤酒的价位比中国高一些，啤酒的瓶子也比中国小一号，由于啤酒的量少，所以喝完一杯啤酒感觉很不过瘾。

我认识一位来自中国的访问学者，在国内他是一所大学的领导，经常参加各种酒席场合的应酬，各种名酒经常喝。然而到美国后，由于收入有限，每个月除了交房租、汽车的保险之外，剩下的钱也就刚够吃饭，就怕万一生病，或者遇见其他的意外消费，到时候没有钱就麻烦了。其实，他过得很节省，手里经常也能剩下一些闲钱，但他惦记着回国前买点美国货带回去，好不容易出国一次，如果空着手回去，会叫人笑话。

所以，每次去超市，他只能看看几美元一瓶的啤酒，把口水咽了回去。他总是留恋在国内大口喝啤酒的日子，在他的眼里，国内啤酒的价格真像自来水一般便宜。

临走的时候，他非常遗憾地说道，在美国待了一年，竟然没有喝过美国的啤酒，真是人生一大憾事。

我告诉他其实也没有什么遗憾的，我感觉美国普通啤酒的口味和中国啤酒的口味相差并不大。

美国朋友对中国的酒文化也非常感兴趣。有一次，我和几个美国朋友聚餐，他们突然问起我在中国是否也有不错的啤酒。因为在他们的眼里，似乎美国的啤酒举世无双。

"中国有很多非常好的啤酒。在我所居住的城市里，到了夏天的时候，街上会有许多卖扎啤的小摊，有一个很大的桶盛满了啤酒，人们用很大的啤酒杯喝啤酒，一般都是几元左右一杯。啤酒都是冰镇的，喝起来直接凉到心里"，我告诉他们。因为我并不认为美国的啤酒有多么出色，在我眼里，美国的中端啤酒在口感上很一般。虽然我感觉美国的葡萄酒不错，但若说啤酒还是国内的更胜一筹。

"我们在喝啤酒的时候，一般都在吃烧烤，尤其最爱吃羊肉串，有时候，再来几碟清凉小菜，味道很不错，只不过这样的小摊一般都是露天的，环境很一般，但却非常受到市民阶层的喜欢。"

"真不错，我感觉和我们的烧烤晚会很相似"，美国朋友说道。

"是有不少相似的地方。但也有许多不同之处，不过我们喝啤酒更便宜，所以可以一次喝个够，然后带着微醉，摇摇晃晃一边吹牛，一边散步。"

我夸夸其谈，美国人对国内的街头小摊非常向往，他们告诉我，将来到中国的时候，一定会光临那些啤酒摊位，当然他们想象不到街头小摊的卫生情况，对此我也没有给他们过多的解释，咱自己明白就行。

第7章
美国感恩节的来历和火鸡的故事

中国很多食物都与文化密切相关，在美国也有一些与文化相关的食物，比如说火鸡，它和美国独有的节日感恩节密切联系到一起。

在1620年，英国遭受迫害的清教徒，为了寻求宗教的自由，乘坐"五月花"号，漂洋过海，来到美利坚大陆。当时，已是11月，不久美洲就进入寒冬。他们遇到了难以想象的困难，处在饥寒交迫之中，很多清教徒死于饥饿、寒冻和疾病，当初来到美国的有102人，冬天过去后，活下来的移民只有44人。

当时的位于马萨诸塞州的普利茅斯还是一片未开垦的荒凉之地。火鸡和其他野生动物随处可见。但是他们不会狩猎、饲养火鸡，在这里一筹莫展。

这时，心地善良的印第安人给移民送来了生活必需品，还特地派人教他们怎样狩猎、饲养火鸡、捕鱼和种植玉米、南瓜等。

在印第安人的帮助下，他们在第二年的春天开始播种。到了秋天的时候，他们获得了意外的大丰收，于是这批来自欧洲的移民为感谢印第安人的帮助，和他们一起狂欢了三天三夜。当人们欢庆丰收、感恩上帝的时候，火鸡便是当时的美味佳肴，这便是最早的感恩节。到了1863年，美国总统林肯正式宣布每年11月的第四个星期四为感恩节，而这个传统就一直持续至今，感恩节是美国人民独创的一个古老节日，也是美国人全家欢聚的节日。

为了更加直观地了解感恩节，我专门开车去了一趟普利茅斯港，见到了传说中的五月花。那个船不是原来的船，而是根据原来的船仿造的，船里还有人专门化装成当年水手的模样。他指着船里的每个地方，给我们讲述着当年的故事。

如今的感恩节，是美国人一年中最隆重的节日之一，其热闹程度不亚于中国的春节。时间进入11月，美国人的工作节奏便开始放慢，大家都开始讨论着怎么过感恩节，以及如何欢度之后的圣诞。

　　每逢感恩节，美国上下热闹非常。城乡市镇到处举行化装游行、戏剧表演和体育比赛等，学校和商店也都按规定放假休息。孩子们还模仿印第安人模样穿上离奇古怪的服装，画上脸谱或戴上面具到街上唱歌、吹喇叭。当天教堂里的人也格外多，人们都要做感恩祈祷。美国人从小就习惯独立生活。而在感恩节，他们总是力争从天南地北归来，一家人团团围坐在一起，大嚼美味火鸡，畅谈往事，使人感到分外温暖。

　　美国人过感恩节，首先少不了的是感恩节大餐。传统的感恩节，火鸡是主要角色。感恩节吃火鸡是必不可少的一个传统，在11月，第四个星期四的这一天，几乎所有的家庭都会烤一只火鸡，全家一同分享。当然，也有一只最幸运的火鸡，按照美国人的风俗，得到总统的赦免而幸免于难。

　　现在，美国人一年中最重视的一餐，是感恩节的晚宴。在美国这个生活节奏快速、竞争激烈的国度里，平日的饮食极为简单。但在感恩节的夜晚，家家户户都大办筵席，物品之丰盛，令人咋舌。在节日的餐桌上，上至总统，下至庶民，火鸡和南瓜饼都是必备的。因此，感恩节也被称为火鸡节。

　　感恩节的食品富有传统特色。火鸡是感恩节的传统主菜，它原来是野生动物，后来经过人们大批饲养，成为美味佳肴，每只重量有好几十磅（1磅约合0.45公斤）。其实火鸡的肉质比较粗，味道远不如普通的鸡，在超市，火鸡的价格也很便宜，1磅也就是50美分左右。

　　美国人的家庭厨房里都有很大的电烤箱，十几磅重的火鸡也可在自家烤制。从超市买回的火鸡都是经过处理的，没有内脏，干干净净的。人们用专门的注射针头把调味汁打进鸡的各部位，然后把火鸡套在支架上，放进烤箱，调好温度、时间，几个小时后就可以烤好，中途还可以透过玻璃窗看到里面烤制的过程。烤好的火鸡很热、很烫，把火鸡切割成小块，即可装盘端上餐桌食用。

　　也有人在火鸡肚子里塞上各种调料和拌好的食品，然后整只烤出，鸡皮烤成深棕色，由男主人用刀切成薄片分给大家。由各人自己浇上卤汁，撒上

原汁原味的感恩节火鸡，似乎能够从中品尝到当年虔诚的人们对赢得丰收的喜悦与对重获新生的感恩。

盐，味道十分鲜美。此外，感恩节的传统食品还有甜山芋、玉米、南瓜饼、红莓苔子果酱、自己烘烤的面包及各种蔬菜和水果等。

每个家庭都会为了感恩节忙碌采购，除了要准备丰盛的大餐之外，也要准备一些感恩节的装饰，像小型的南瓜和彩色玉米，就是很应景的装饰物。感恩节往往是许多人聚到某一家，每个人都带来自己的食物，然后大家一起分享。主人往往准备火鸡。因为美食实在是太多了，没办法全部吃光。很多家庭在感恩节当天早上会先上教堂，接着回到家里从中午或下午就开始享用丰盛的火鸡大餐，到了晚餐时分如果肚子饿，就把剩下来的火鸡肉做成三明治，或是用火鸡肉做成火鸡肉派，这也是把一只大火鸡吃光的其他方法。

感恩节也是穷人和无家可归者享福的日子。慈善团体还有个人都有许多捐款，美国各地宗教组织和服务机构提供感恩节特别餐。所以感恩节是全民都有机会大吃大喝的日子。逢年过节，各种应节美食令人垂涎三尺。尤其是圣诞节和元旦，相隔不到一个星期，火鸡大餐是必不可少的。

除了吃火鸡，据说还有很多古老的游戏，比如说玉米游戏。游戏时，人们把五个玉米藏在屋里，由大家分头去找，找到玉米的五个人参加比赛，其他人在一旁观看。比赛开始，五个人就迅速把玉米粒剥在碗里，谁先剥完谁赢，然后由没有参加比赛的人围在碗旁边猜里面有多少玉米粒，猜的数量最接近的奖给一大包玉米花。据说这是为了纪念当年缺少粮食的时候，发给每个移民五个玉米而流传下来的。

还有南瓜赛跑的游戏，比赛者用一把小勺推着南瓜跑，规则是不能用手碰南瓜，先到终点获奖，比赛用的勺子越小，游戏就越有意思。

在美国的中国人也入乡随俗过感恩节。记得我刚到美国不久，我的华人朋友刘夫人，邀请我去他们家里过感恩节，他们来到美国已经有30年的时间了，所以做美国菜很有经验。

尤其是女主人刘夫人有很多拿手好菜，她做的火鸡非常讲究，给我留下了深刻的印象。她先将火鸡用香料、烈酒腌过后，再在火鸡肚子里塞了一些用面包碎块搅在一起的馅，同时也放了一些栗子、冬菇、红薯、青豆角，然后把它塞进烤箱，她烤这只火鸡用了好几个小时，再用余热焖一会儿，端上桌子的时候，香气扑鼻，叫人直流口水。

他们家吃饭用的是一张长桌子，我们把这只火鸡放在当中，旁边是一大盘沙拉，还有一些水果羹、绿色沙拉、烤土豆、烤丝瓜、奶油洋葱、玉米布丁、炸蘑菇、炸洋葱圈、牛排、猪排，餐后甜点有南瓜派、美洲山核桃派与冰激凌等。

这是我第一次在美国吃火鸡，也是感觉最好吃的一次，因为刘夫人具有非常好的厨艺，她把火鸡做得非常完美。这顿饭很丰盛，我们感觉口味很不错。

美国火鸡。

第8章

不堪回首的火鸡大餐和火鸡三明治

同样是于感恩节赴宴，在另一个朋友家里，我就没有上次那么好的运气了。这位朋友姓张，是一位非常喜欢厨艺的男士。这位张先生烧得一手非常好的中餐，当时正在满怀热情地学做西餐。由于刚移民到美国，他做火鸡的水平也就算菜鸟级别。

事前，他虚心地向美国邻居学习了火鸡的做法，感觉掌握了做火鸡的秘诀，于是好心好意地邀请我们去吃他们家里的火鸡大餐。

他买了一只重达5公斤以上的火鸡，在美国，火鸡的价格不算贵，也就不到十美元。火鸡非常大，所以他邀请的朋友也不少。我们看了他做火鸡的过程，首先张先生得意扬扬地在火鸡里塞了很多蘑菇，在火鸡的外面涂了一层油，使火鸡的样子很不错，最后把火鸡放入烤箱里。

在几个小时的时间里，张先生不停地将烤箱的门开来开去，倒下很多从超市里买来的鸡汤调料，他说这些调料可以使得火鸡味道更香，没有多久，火鸡的表皮铺了一层很油腻的烟油。

等到火鸡端上来，金黄色的，非常好看，摆在各种中式菜肴里面非常显眼。只不过有一种很油腻的香味，我想张先生做的中餐是一绝，色香味俱全，火鸡也应该不会差。

结果吃了一口，才发现，这只火鸡的肉非常硬，口感不如一般的鸡好吃，而且有一种难以用语言表达清楚的怪味道，要多难吃有多难吃。但是鸡肉吃在嘴里，又不好意思吐出来，只好硬着头皮嚼着。看看周围的人，似乎对这只火鸡的兴趣也不太大。张先生非常热情地动员了大家很长时间，可这只火鸡依旧还剩下很多。

"大家不捧场，要是剩下怎么办？"一般中国人在家吃饭，不像美国人那样吃不了就倒掉，他们还保持着国内的好习惯，不浪费粮食。

"没有关系，剩下的火鸡你可以做鸡肉三明治"，张先生的邻居王夫人说道。

"我吃过三明治，可我还没有做过"，张先生说道。

"这个非常简单，我到美国学会的第一道菜就是鸡肉三明治。这个食物在美国和英国非常受欢迎。算是美国人必不可少的一道食物，制作起来方便简单，而且营养均衡，带出门很方便。"

"这太好了，我一定向你学习做火鸡三明治。"

"等吃完饭，我就帮助你做火鸡三明治。"

吃完饭后，我也在一边学着做火鸡三明治，王夫人告诉我们，火鸡肉做的鸡肉三明治是最传统的三明治。

因为鸡肉已经烤好了，所以只要做之前热一下就可以。做三明治的鸡肉并不一定要特别做的，直接就可以用吃剩下的鸡肉做三明治，当然即使不是火鸡，一般的鸡也可以做成三明治。总之，对鸡肉没有特别要求，怎么煮都可以，最后手撕成一片片一条条的。

然后再拿出奶酪一片，要是喜欢奶酪也可以加入两片，生菜叶一张，两片西红柿切片。面包两片在面包炉中烤一下，这样面包会变得焦黄，美国人在吃切片面包的时候，都喜欢烤一下。

三明治的主要调味料是美国最常用的番茄酱和蛋黄酱，先把酱料分别涂在两片面包上，涂抹均匀。然后在两边都整齐地摆放上鸡肉，因为张先生家里剩下的肉比较多，所以放得也比较多。当然要是对肉的兴趣不是很大的话，也可以只放一边。

然后在面包片上摆上生菜，以及西红柿切片——做三明治只采用西红柿中部的切片，再摆上芝士片，将两片面包盖在一起就可以了。最后拿起削面包用的锋利的刀子，对角一切，就成了两个三角形形状。一个诱人的火鸡三明治做成了。

三明治最大的好处就是方便，可以冷吃，冷吃的三明治味道也不错。携带也方便，不讲究包装。

王夫人做完后，我们很赞叹，为了表示出对三明治的兴趣，我拿起一个吃了一口，依旧感觉满嘴的火鸡味，虽然有这么多调料放在里边，我依旧对它退避三舍。从那以后，我就对火鸡敬而远之了。

张先生虽然不会做三明治，但他在网上查询了很多关于三明治的资料，据说三明治的始祖是英国的一个好赌的伯爵，他嗜赌如命，终日流连于赌局，为此竟时常专注得连做饭都顾不上，但是不吃东西肚子又饿，于是想到了这么个简单高效的吃法。也许，这位赌徒怎么都不会想到，这种诞生缘由如此滑稽的食物居然受到了后人的世代推崇，并成了很多西方家庭的最爱。这类鸡肉三明治就属于其中较传统也较常见的一种。现在，很多中国人也很爱吃三明治，真是风靡全球。

于是，张先生要送我一些剩下的烤鸡，叫我回去做三明治，但我想想他可怕的手艺，便一口回绝了。我感觉，火鸡本来就不太好吃，要是遇见一个高明的厨师，做出好的味道，还可以吃一些，要是不幸遇见蹩脚的厨师，做出的火鸡，叫你吃了以后，好像是场噩梦，再也不想吃第二次了。通过这次聚会，我发现，美国的食物虽然做起来简单，但并不是所有的人都能做好的。

美国的超市里也经常打折促销火鸡，一只刚烤出来的大火鸡，价格只有几美元。刚开始的时候，和我一起来美国的朋友们感觉这种火鸡物美价廉，经常买这种火鸡当饭吃，吃了几次以后，再看见这样的火鸡就退避三舍，因为火鸡味道留在嘴里，怎么也消失不了。

火鸡味道一般，一般肉食鸡的味道也很一般。很多中国人由于经济条件不好，无法去买想要的食物，所以一来到美国就吃鸡，因为在所有的肉食当中，鸡是最便宜的了。在经济条件有限的前提下，也只能买点鸡作为肉食了。

有个在美国生活一段时间的朋友王教授向我介绍美国的生活常识。王教授是国内一

所大学的教授，被派到美国进行学术交流，他推心置腹地说道，在美国，鸡是最便宜的肉食。他耐心地教育我，买鸡一定要买鸡腿。

由于王教授申请的经费有限，所以，在美国这一年，他从来没有舍得到饭店吃饭，也没有舍得买一瓶啤酒喝。这一年他在做饭上练就了一身好手艺，对在美国最便宜的肉食鸡的各个部位的味道，进行了广泛的、长期的、学术性的研究，得出了最具有权威性的结论，鸡最好吃的部位是鸡翅膀，其次是鸡腿，最难吃的就是鸡胸脯，吃起来就像棉花一样难以下咽。

他在美国期间的饮食，就是围绕着鸡进行的，又是烤鸡，又是炖鸡，又是炒鸡，忙得不亦乐乎。他发现，在美国，酱油都比鸡贵，因此他做鸡的时候，调料放得都比较少。由于在美国吃了这么多鸡，回国以后见了鸡就想吐，看来算是彻底把鸡给吃腻了。

他还说，在美国，肉食里最便宜的是鸡，素菜类最便宜的当属土豆，一大袋子的土豆，可以吃很长时间，也就不到三美元。发现土豆便宜后，王教授在做鸡的时候，又加上了土豆。因而，在他刚去美国的那些日子，常常吃的东西就是土豆、米饭、鸡，还有干面包。后来，他又发现美国的巧克力浆也很便宜，才不到两美元就一大盒子，于是又加上了巧克力浆涂在面包上。总之是怎么省钱怎么吃，同时为了不很快吃腻而不断变换食材组合方式。

在美国，像王教授这样节省的华人还不少。他们秉承中国人吃苦耐劳的优良品质，每天辛辛苦苦地工作，然后开心地看着账户上的金钱数目飞快增加，会觉得内心很充实。他们很少花钱去享受富裕带来的口福，付出艰辛和努力，仿佛都只是为了增加自己的存款。但是我总觉得，存款的增加并不代表生活质量的提高。

有人说，有钱是一回事，能不能消费又是另外一回事。如果到了美国，只是收获了数目可观的美元，却没有品尝到美食，那会是件很遗憾的事情。但在华人里，尤其是老一辈的华人里，这种情况司空见惯。虽然他们来美国的时间长了，经济条件好了，但是由于过了太久过度节俭的日子，即使后来手里有了很多钱，也依旧保持着当初困难时期的消费习惯。

第9章

美国海鲜举世无双

　　美国有着丰富的海洋资源与先进的捕捞能力，所以美国人可以享受到极为丰富与新鲜的海中美味。他们深海水产的价位比国内便宜很多，种类也相当繁多——生蚝、海虾、鲑鱼、金枪鱼、扇贝、鲍鱼、海螺、大龙虾、鳕鱼等等。

　　要是初到美国，见到这么丰富的海产品，一定会大饱口福。他们的海产品的数量、个头、质量远远超过国内，尤其商店里摆的大龙虾，好像小猪仔一样大，个头惊人，这些产于深海中的美国大龙虾，色彩鲜明，生龙活虎，是真正的生猛海鲜。

　　要是在国内有这种野生龙虾的话（这只是打个比方，国内不产这种龙虾），人们很多时候根本不会叫它们长那么大。只怕当它们还是虾孙子的时候，就早被打捞上来吃掉了。

　　而在美国，长这么大的大虾，价格极为便宜，每磅五六美元，旺季的时候，也就三四美元，几乎和青菜一个价。吃起来真是满嘴飘香，可以大口地嚼，叫人大呼过瘾。

　　在美国的餐饮业，对于海鲜，美国人并不主张深加工，而是烹饪至半生不熟就上餐桌，很多海鲜就是生着端到客人的面前。那些配合着海鲜去吃的调味品的味道，用咱们中国人的嘴去品尝，也是怪怪的，叫人难以下咽。作为中国人，还不如不用任何调料，直接把虾放在嘴里吃最好。

　　有时候，看着美国人用尽手段烹调了

旧金山名吃——大海蟹。◎赵涵/摄

这么一桌子肥美的海鲜，却吃不下去，心里直着急，要是拿回家里，到唐人街上买回中国调料，按照咱们的口味去做，一定会吃到走不动。但是看着美国人做出的食物，不但没有更多的食欲，还感觉他们把好东西浪费了。

在美国的海鲜中，尤其值得谈的就是虾了。

美国的虾物美价廉，真有种不吃白不吃的感觉。

我经常和几个美国朋友在周末的时候去吃自助餐，我们一般都选择当地最高档的中式自助餐厅，这里的价位比一般的店贵几美元，但是食物的品种和质量却高一个档次。

由于美国有东西海岸，美国的海产品非常丰富，价格也不高。在自助餐厅里，海鲜是必不可少的一类，每次去这里吃饭，我都在海鲜区流连忘返，因为我很喜欢海鲜，尤其是虾球，个头很大，非常新鲜。可惜的是，美国饭店里的虾都做得半生不熟。美国人觉得，虾很新鲜，直接生吃就好。但在我看来，不光生吃的方式不够恰当，他们提供的调料也不合口味，都是一些类似于日本料理调料的东西。生虾佐以这些奇怪的调料下口，我是绝不会有吃

让人又爱又恨的美国生蚝。

纯正中国油焖大虾时那种食欲的。由于调料不太合适，虽然虾很不错，但总感觉口味比国内差一些。即便如此，我还是会拿很多虾放到盘子里，端到桌子上吃个痛快。因为换了是在国内，花费同样的钱是很难吃到如此新鲜的大虾的。从这个角度上看，美国的食物不算贵。

但是我的美国朋友玛丽却似乎天生对虾不感兴趣。她看见我大口地吃虾很不理解："这里有这么多食物，我看你怎么总是在吃虾？既然是自助餐就该多品尝几种不同的食物。"

"因为虾的味道太美了，所以，我很喜欢吃，好像你对虾没有太多的热情。"

"虾只不过是一种很普通的食物，它的味道很一般，我没有更多的兴趣"，玛丽说道。

"我想也许是你们这里调料的缘故，没有把虾天生的美味做出来，我知道有很多烹调方法，把虾做得味美无比，比如说我们国家有一道很不错的菜肴叫作油焖大虾，非常好吃。"

"也许是这样吧。"

"我喜欢把虾煮熟了再吃，也许你会喜欢吃熟的虾。"

后来，我们又一起去吃泰国菜，美国的泰国菜口味很不错，做法有些类似于国内的炒菜。厨师的工作台旁边摆了很多种切好待加工的食材，比如说土豆、菜椒、花椰菜、竹笋、西红柿、豆腐等，顾客随机选择。

除了蔬菜以外，还配有肉食，肉食一般有牛肉、鸡肉和虾，这些肉食和蔬菜炒得差不多以后，再倒上一些泰国风味的调料，比如说咖喱等，最终做成一道美味的泰国菜。

每次我都点双份的虾，炒熟的菜颜色很不错，味道更好。但是玛丽却从来不放虾，她每次只是放很多的牛肉和鸡肉，至于我眼中美味的虾，在玛丽那里是被无视的，她从来不多看一眼。

我很无奈，人的差别就这么大，自己眼里的美味，在别人那里就一钱不值。后来，我发现很多美国人对虾没有我们这么大的热情。在美国，虾只不过是很普通的食物。在玛丽的心里，虾的位置还比不上牛肉和鸡肉。

在国内由于价格原因，我吃虾的机会并不多，但是到了美国后，我便放开肚子大饱口福。除了大虾以外，美国的龙虾也能够走入平常百姓之家。在美国，普通人吃龙虾不是什么高不可攀的事，因为龙虾的价位大家都可以接受，大的超市里是有卖龙虾的，一般都是十二三美元一磅。买一只一般的龙虾，基本上在20美元之内。

到了美国安顿下来后，我想着去拜访我的一个朋友刘夫人，她住在美国东北部的缅因州。

在国内的时候，她就是我的朋友，后来嫁到美国，刘夫人知道我是一个爱旅游的吃货，喜欢品尝各地的美味，于是便嘱咐我，最好选择龙虾丰收的季节去拜访她，因为那个时候，她会邀请我吃当地的特产——龙虾。

"好的，我很开心，一定会选择合适的日子前往。"选择好日期，既能见到朋友，又能吃到龙虾，还能欣赏到当地的风景，一举多得，何乐而不为？

我问她还有多久才能等到那个时候，她说下个月就可以。

到了约定的时间，我欣然前往。

因为刘夫人说，她所在的州是龙虾州。缅因州位于美国东北，由于广阔的东海岸没有污染，多岩石和寒冷的海水，这种特殊的地理条件造就了龙虾生长的优良环境，这里的龙虾产量约占全美的3/4，所以人们干脆就将其称为"龙虾州"。有人说这里盛产的龙虾和人一样大小，这种说法一点都不为过。每年7月到10月龙虾的壳就会变软，因为这样有利于身体增大，这是新壳龙虾。它的虾肉非常嫩滑，用手可撕开硬壳。而10月到12月则为龙虾全成长期，肉多且售价亦最便宜。

刘夫人非常热情地招待我，她帮助我订好了旅馆，我们入乡随俗，按照美国人交往的习俗，朋友之间相互不打扰。

刘夫人告诉我。每年到了龙虾丰收的季节，人们可以享受到美味的龙虾。这里龙虾的个头很大，比国内超市龙虾的个头大很多，而且很有活力，用生猛海鲜来形容它们，非常合适。

美国龙虾的价格相对低廉。美国超市龙虾的价格与国内龙虾的价格相比，就好比国内最尊贵的贵族，到了美国摇身一变，变成了平民一般。

她到我住的旅馆里给我送了两只大龙虾，这两只龙虾的个头可真是巨大。

于是，我便清蒸起来。由于没有掌握好火候，做出的效果不理想，口感一般，但是我依旧吃得津津有味。品质决定价值，如果在国内遇到这么好的龙虾即使价格昂贵，我也可以接受。之后，我又买了几次龙虾，也学会了用盐水煮虾，这样能够保存龙虾的鲜味，做出的龙虾味道好了不少。后来，我的做法也慢慢多了起来。

刘夫人告诉我，吃龙虾可以到附近的餐馆里，一份龙虾的价格也就十来美元，在某些州的超市里，牛肉价格有时候比龙虾还高。她还领我去了一个饭店专门吃龙虾，我记得那是个很小的饭店，位置有些偏僻，有两层木质结构的楼。店里的客人很多。我们人手一把小钳，那是为了把壳剥开。每桌旁边还有一个小桶，这是专门盛虾壳用的。美国人不吃动物的头，但唯独吃整龙虾的头，龙虾的头非常好吃，因为里面都是黄，蘸上调料，满嘴生香。

那顿饭给我留下深刻的印象，因为我从来没有吃过这么多龙虾，而且价格还不高。这些龙虾的个头和口味，在国内，以我的经济能力，绝对是高攀不起的，但是在美国这个海洋资源丰富的地方，并不是一件什么大不了的事。

第10章

冰——美国人必不可少的食物

有人说，要想了解美国人，必须住在美国人的社区里，掌握他们的语言，要和美国人有密切的接触，这话一点也不错。

因为有些在美国生活过的人，他们在唐人街上生活，不会说一句英语，也从没离开过唐人街，他们只和华人打交道，每天吃着华人传统的食物，说着汉语，给中国人打工，看着从国内卫星转播过来的节目，生活圈子很小。他们即使在美国的国土上生活了一辈子，也不能说他们了解美国的社会，因为他们从来就没有和美国人打过交道。

要想了解美国的社会，必须结交美国朋友，只有这样，才能真正地了解美国。我在美国工作生活了相当长的一段时间，结交了大量的美国朋友，经历了很多文化的碰撞，度过了很多由失望和绝望交织的日子，对美国人最直观的感觉是他们是由火组成的，而且他们是由一团团的烈火组成。

尤其是美国人的感情，其善变的程度，绝对如同烈火一样，燃烧的时候，是一把熊熊的烈火，可以让你窒息，把你烧化，让你无法招架。但是突然之间，也许就在你还没有反应过来的时候，这把大火早已经消失得无影无踪，就好像从来没有来过一样。

美国很多男人都热情似火，对任何女人都爱献殷勤，几乎可以对任何女人在五分钟之内说我爱你，一见钟情在美国人身上很容易发生。

也许正是因为很多美国人风风火火的性格，他们的饮食需要大量的冰去调和。在酒店里要饮料，你会发现服务员给你上的是满满一杯子的冰，然后再加上一些饮料，感觉在酒店里不是在喝饮料，而是在吃冰。我看见服务生给客人的冰镇饮料中加冰，冰块的体积占杯子的三分之二，国内快餐店里的冰真是小巫见大巫啊。国内的快餐店，饮料里只加上很少的几块冰，人们就受不了了，他们根本想象不到美国快餐店饮料会加那么多的冰。

如果没有冰，美国人就会活得很不舒服。在美国的大商店到处都在卖冰块，冰的销量非常之大，冰块的价格很便宜。人们都是用购物车采购大包的冰，然后放入汽车里运走。可见冰在人们生活中的重要地位。

我不知道美国人的身体状况

无冰不欢的美式冷饮。

到底怎么样，不过的确见到过他们很多出人意料的举动——那就像是在炫耀自己强健的身体。

有一段时间，我经常到学校的图书馆里看书，发现即使是在最冷的三九天，在我们国内人人都穿着厚棉袄、毛衣的时候，这里却总有很多学生穿着小背心裤头，光着脚穿着拖鞋，走来走去地在图书馆看书。

我真的搞不明白，为什么他们就这么怕热，也许和他们吃的高蛋白的饮食有关？他们的饮食中含有大量的蛋白质，还有油炸食品、大量的奶油和巧克力食品，所以使得他们活力很旺盛，必须要加入大量的冰，才可以保证他们不被高热量的饮食所拖累。

年轻人做出点惊人之举在所难免，他们的各种机能很强烈，怕热也许是难免的。但美国的老年人也丝毫不落后，也做出许多惊人之举。我以前的房东是一个70多岁的老太太，有时候邀请我去她的屋子做客，最使我吃惊的是，在这么冷的冬天，她喝的水竟然是由四分之三的冰块组成的，我暗叹她是火星人。

我想，要是国内的老中医看见这么高龄的老人喝这么多的冰水，肯定会吃惊，因为中医认为冷饮会伤脾胃，尤其老年人更该注意少碰冷食。看着这个白发苍苍的老年人大量地喝冰水，我忍不住问了一句："为什么你们不把水烧开以后再喝？"

"为什么要把水烧开了再喝？只有咖啡才这么喝"，她睁大眼睛看着我。

"这样的水太凉，会对胃不好。在我们国家都是把水烧开再喝"，我告诉她。

"你们国家喝的是热水？"她就像看着怪物一样看着我，也许活了这么大的年纪，她从来没有听说过水还要喝热的。

"是啊，水只有烧开后才可以喝，尤其是刚烧开的水，泡一壶香茶，哎，别提有多好了。"

"也许很好吧，不过我感觉直接打开水管喝水也不错，但我无法想象，水里面不加冰，怎么能喝进去？"

"也许习惯不同吧"，我想了想，"在我们国家里，所有的食物都是烹调的，而且从来不放奶酪，我从来都不吃奶酪。"

"不吃奶酪？"她的眼睛瞪得大大的，很不可思议。在美国，几乎所有的食物里都含有奶酪，就连中国的饺子到了美国都发生了不小的变异，很多时候，饺子里也放入了很多很多的奶酪。

在老太太的眼里，没有人不吃奶酪。可是，今天我却告诉她，天下有很多人不吃奶酪。

"我倒是可以理解你们国家的人不喜欢奶酪，但你们喝水不放冰，还是叫我吃惊"，她想了半天，最后慢慢说道。

后来我出去工作，发现无论男女老少，所有的人都视冰如命，没有冰就不喝水，不喝饮料。开始的时候，我总是先告诉他们，我的饮品不加冰，可是没有多久，我就被异国公众文化的大海所淹没，很快就入乡随俗，成为其中的一分子了。没有冰不喝水，没有冰不喝饮料。每次喝饮料之前，都加上一大半的冰，加冰的饮料喝下去，简直是从头到脚地凉爽，直接凉到心里去，真爽啊！

第11章
爱喝咖啡的美国人

我在美国大学教书的时候，我的办公室离教学秘书的办公室很近。每天早上我在办公室里都可以闻到浓香咖啡的味道。我们学院办公室的教学秘书琼斯，是来得最早的一个人。琼斯每天早上都用咖啡机煮咖啡。琼斯告诉我："我的最爱就是咖啡，我真想不到，要是早上起来不喝一杯咖啡，怎么会有精神处理一天的工作？没有咖啡不工作。只有喝完咖啡，才会有心情工作。"

不仅仅是琼斯，周围其他办公室里，也经常飘出浓香咖啡的味道，这些

同事都伴着浓浓的咖啡开始一天的
教书生涯。

教书的时候，大学给老师不少
补助，用教师的卡到学校餐厅用
餐，可以便宜很多，甚至比自己做
饭还便宜。于是，有一段时间，我
经常去餐厅吃饭。

我发现，在餐厅里，美国人的
一日三餐，几乎都离不开咖啡。他
们的早餐一般有咖啡、果汁、麦
片、薄煎饼。午餐品种也不少，其

美国人延续至今的咖啡情结，渗透进
了他们生活的方方面面。

中咖啡更是少不了的。最丰富的一餐是晚餐，一般供应果汁或浓汤、烤牛
肉、炸鸡、土豆，各种蔬菜沙拉、甜点等，最后再喝一杯咖啡。总之喝咖啡
已深深融入美国人的日常生活中。

美国是世界上咖啡消耗量最大的国家，我认识的美国朋友，几乎时时处
处都在喝咖啡，不论在家里、学校、办公室，还是其他任何地方，咖啡的香
气随处可闻。美国人工作紧张，压力也大，每天上班中途不休息，只在中午
安排半小时至一小时午餐时间。因此，喝咖啡提神，便成为舒缓工作压力的
有效途径，也由此逐渐成为习惯。

据说美国人消费的咖啡就占世界咖啡总消费量的三分之一，并且正有越
来越多的美国人喜欢上喝咖啡，把咖啡当作一种芳香醇美、值得仔细品尝的
饮料来享用。有人说，美国人高速度、快节奏的现代生活方式，正是在喝咖
啡的过程中得以建立的。有人曾形象地说，咖啡是这个国家里最受欢迎的、
不受管制的毒品。

在美国的商店里，速溶咖啡的品种花样繁多，人们还可以买到各种自制
咖啡的原料和设备。它们的价格之便宜、品种之丰富，叫人眼花缭乱、叹为
观止。

在美国的超市里，咖啡的价格很便宜，甚至比国内的价格还便宜，这些普通的咖啡，要是国内的超市，摇身一变就会成为贵族，身价立刻翻番。

我在美国旅游的时候，发现我所住过的所有宾馆，都有煮咖啡的机器，旁边还放着一些免费的咖啡，可见，咖啡在美国人的生活中是不可缺少的。

我知道，咖啡有提神的作用，喝了咖啡后，晚上会非常精神，躺在床上翻来覆去地睡不着觉。所以我很少买咖啡，但是面对身边放好的咖啡，我还是很动心的。

这些咖啡实在诱人，我最终无法抵挡咖啡的诱惑，在临睡前，忍不住用咖啡机煮起咖啡，当我享用着煮熟的香甜咖啡时，我宁愿忍受失眠的代价。我知道很多美国人和琼斯一样，在临睡前也喝咖啡，但他们喝完咖啡后，睡眠质量根本没有受到任何影响，真是令人羡慕。琼斯对我喝完咖啡后竟然会睡不着觉感到很吃惊，看来经常喝咖啡的人，已经对咖啡产生的兴奋习以为常了。

意式咖啡厅内的场景。◎赵涵／摄

在美国的城市，咖啡店随处可见，因各族裔不同，喝咖啡的方式也不同。欧洲移民性格开放，喜欢将餐桌摆在店外街边，顾客一边饮咖啡，一边闲谈。黑人在街边喝咖啡的不多，他们喜爱可口可乐等饮料。

美国人喝咖啡没有欧洲人的情调，没有阿拉伯人的讲究，喝得自由舒适。美国咖啡馆有其独特的形式和氛围，像美国流行的快餐文化一样，体现了美国社会快节奏的生活方式。

很多咖啡店的店面装修非常普通，也很小，有的只有六七张桌子那么大，陈设很简单，并不像国内咖啡厅那样豪华大气，里面也卖面包、蛋糕等。美国咖啡店的咖啡非常便宜，杯子更像可乐的那种大杯子，一般才两三美元，四五美元一杯的算很贵了。

在餐馆吃饭也供应咖啡，价格更便宜，有时候一壶咖啡才一两美元，还有些餐馆是免费的。

咖啡在美国是非常大众的、休闲的文化。许多人喜欢在咖啡厅里待一两个小时，看看报纸，和朋友轻松地聊聊天。或者什么都不想，什么都不做，只单纯地放松放松。

"咖啡是一种诱人的饮料，很难想象没有咖啡的生活"，琼斯经常一边喝咖啡，一边和我推心置腹地谈话。

"但是，咖啡里的咖啡因还是有副作用的"，我说道。

"现在美国商店里出售的咖啡，都是去除了咖啡因，掺加了巧克力、奶油、香精的咖啡。这种咖啡比普通咖啡更甜美、更芳香。一旦你爱上了美味咖啡，那么就再也不想喝普通咖啡了！我不在家，就在咖啡馆；不在咖啡馆，就在去咖啡馆的路上"，琼斯总是这样对我说。

我经常听见美国人对中餐的评价，总体上不错，感觉很可口，但是叫他们选择，他们还是更喜欢吃美国的食物。从美国人的眼光看中国的饮食，评价并不怎么高，在他们的眼里最好吃的食物在美国。

有一次我参加美国人的聚会，桌子上有烤肉、比萨、沙拉、鱼肉、香肠、面包片、蛋糕、夹心饼干，还有一些番茄酱和辣酱像自助餐一样摆在桌面上，旁边放着大盘子、刀叉和纸巾。牛肉片中央部分是淡红色的，没有办法，美国人都这样，他们大多不喜欢吃烤得熟透的牛肉，美国朋友吃着这些食物，对主人的高超手艺赞不绝口，仿佛这些食物都是世界上最美味的佳肴，是多年来难得一见的美食。

主人听着客人的话，非常开心。

虽然我对主人也表示感谢，但心里却很不以为然。

我看了半天也没有动手去吃，因为我不愿意做吃生肉的野人，我的胃从来都没有吃生肉的习惯，所以我是不会吃半生不熟的牛排的。

别的菜对我来说也都不适口，面包片、蛋糕、夹心饼干我还吃点，吃得比较多的是比萨，味道还可以。

从中国人的眼光看美国的饮食，似乎有很多不足之处甚至是一无是处。在很多国人的眼里，美国的饮食没有历史，没有文化典故。他们就像原始人或者像动物一样，喜欢吃生的食物，比如说牛排、海鲜，很多时候，根本不熟，恨不得像动物那样，带着血就生吃，竟然还吃得津津有味，不知道他们到底进化好了没有。对于蔬菜，美国人更没有烹调的观念，搅拌点沙拉直接进嘴。

尤其是美国人请客和我们完全不同。中国人好客，宁肯自己过后啃馒头，也要把家里的好东西拿出来给客人吃。可是美国人办派对却要客人自带吃喝。

这种聚会，主人提供场所、小点心、部分饮料、饭后甜点。来宾应该每人带份亲手做的食物。实在不会做，可以去买食品、水果等带来。

聚会之前大家还可以协商下每个人要带东西的种类：如沙拉、肉、甜点、饮料等，以避免大家聚会的食物搭配不均匀。这样的聚会主人不会因为准备饭菜压力太大，可以邀请很多人来参加。

中国人很注重吃。生活中吃是重点，每天花不少时间在准备一日三餐上。大部分人下班回家主要的活动就是忙做饭、吃饭。

美国人大多不愿意在做饭和吃饭上花时间，吃得比较简单，省下时间发展个人爱好或者陪伴家人。美国人还特别不愿意花时间等饭，所以各种快餐店如麦当劳、肯德基、必胜客等到处都是。在美国即便是不去上班的家庭主妇也都不天天做饭。

总之，美国人有美国人的生活方式和饮食习惯，喜欢什么食物和长期的饮食习惯密切相关。

第 12 章

美国的高档酒店，吃的是历史和文化

很多美国人的日常饮食不讲究精细，追求快捷方便，不像国人那样食不厌精脍不厌细。也不奢华，比较大众化，一日三餐都比较随便。

他们的早餐以面包、牛奶、鸡蛋、果汁、麦片、咖啡、香肠等为主。午

古典庄园中极富情调的餐饮设施。

餐一般在工作地点用快餐，快餐是典型的美国饮食，十分普及。一般有三明治、水果、咖啡、汉堡包、热狗等。晚餐是正餐，比较丰盛，有一两道菜，如牛排、猪排、烤肉、炸鸡等，配面包、黄油、青菜、水果、点心等。

也有不少人上餐馆用晚餐，一般都是以家庭为单位去餐馆。美国餐馆很多，一般供应自助餐、快餐、特餐（固定份饭）、全餐等各种形式的餐饮，价格一般比较低廉，也可点菜，点菜价格最高。

先不说美国国际大饭店，就在一般中等的餐厅里，品种就叫人眼花缭乱，美国鳕鱼、鳗鱼、大虾仁、烤鸡、薯条、汉堡、炸鸡翅、炸鸡腿、炸牛排、烤牛排、炸猪排、烤猪肋骨、酸奶，还有五颜六色、口味各异的奶酪；此外，还有墨西哥鸡卷、奶酪拌火鸡、涂着厚厚配料的比萨、拌着西红柿的意大利面、烤沙丁鱼。

点心有苹果、橘子、樱桃、桃子、香蕉、菠萝与时鲜蔬菜，来自世界各地的风味小吃、奶油草莓小蛋糕、奶油巧克力小蛋卷，应有尽有，想吃什么就吃什么。

富丽堂皇的酒店内景。

尤其是美国的冰激凌，叫人叹为观止，美国是冰激凌的天下，美国所有的人包括孩子最喜欢吃的就是冰激凌了，在上面放一些巧克力和花生酱，味道更加鲜美。美国到处都有冰激凌的连锁店，做出的冰激凌叫人无法抗拒。

美国人在临睡前有吃点心的习惯，成人以水果、糖果为主，孩子则食用牛奶、小甜饼，这个习惯使得美国人非常容易发胖。

美国人的口味比较清淡，喜欢吃生冷食品，如凉拌菜、嫩肉排等。他们所谓的嫩肉排，叫人吃惊，肉都嫩到几乎是生肉。记得一个朋友邀请我们去一家高档西餐饭店吃饭，这是一家有着悠久历史的饭店，位于郊外，四周是绿色的草坪，在里面吃饭的顾客都穿着晚礼服，饭店里的灯光很暗，周围点着蜡烛，服务员穿戴的服装非常的端庄。吃饭的时候，大家声音不高，所以饭店里相对安静。

我的朋友告诉我，客人认为到这里吃饭，不仅仅只为了吃饭，还喜欢这里的传统和文化氛围。

有一次，我们去哈佛大学和麻省理工学院拜访完朋友，顺路又看了麻省普利茅斯"五月花"号帆船的遗址，最后来这个饭店吃饭。

据说，很多社会名流都曾经在此用餐，这里的各种名菜堪称经典。这里的客人非常多，几乎是座无虚席，所有的客人都穿着正式的礼服，文质彬彬。饭店的环境很有品位，有着一种特殊的艺术气息，和我们平时去的快餐店完全不一样。

饭店里的牛排非常有名，既然吃美国大餐，那就少不了这道名菜。

服务生问我要烤什么程度的，我还没有回答，领着我来的华人朋友王先生告诉我一定要嫩的。

王先生说，这样的牛排嫩得叫你感觉到妙不可言，因为所有的美国人，包括像他这样来美国很长时间的华人，也非常喜欢。经过王先生的介绍，我对传说中的菜非常期待，想早点目睹真容，此时跑了一天，我已经非常累了。

终于那份妙不可言的牛排上来了，样子好像不错，除了牛排旁边有些红色的血以外，样子很诱人。

我们拿出餐具，毫不客气地大吃起来，但是，却发现了一个不幸的事实，这个牛排实在是难以下咽，因为它几乎就是生肉，和生肉稍微有点不同的地方就是牛排的边稍微烤了一下，我们还看见牛排中的血水在不停地向外冒出来，血水的颜色要多鲜艳就有多鲜艳，难道这就是嫩牛排吗？

不用问，答案是肯定的。

我没有想到，所谓的嫩牛排，竟然是这样？

看着这样的牛排，我想起了原始人的茹毛饮血，也想起了非洲人生吃动物，可是，我们应该是文明人，怎么能生吃牛排呢？一个朋友事后告诉我，当菜端上来的时候，她想起了野兽在生吃动物，她搞不明白，美国人怎么就吃这样的食物？

初到美国，这样的美国名菜几乎让人无法消受，可是美国人和在美国待了很久的华人朋友却吃得津津有味，他们对牛排赞不绝口。

我们这些初到美国的客人，面对着这样的生鲜牛肉，一个个大眼瞪小眼，你看看我，我看看你，面对着主人的盛情，谁也不忍心说出令人扫兴的话。

对眼前的牛排，只有看的份，却没有消受的份，每个人都仅仅吃了一口，当着热情主人的面没好意思直接吐出来，而是偷偷地吐在餐巾纸里，尝了一口，就不再想吃第二口了。

王先生看见我们这副痛苦的表情，非常遗憾，他大吃特吃，一边吃一边告诉我们，这就是最鲜嫩的牛肉——"你们没有感觉到当舌头遇见牛排的时候，特殊的感觉？"

"没有"，我们异口同声地回答，面对着牛排，食欲一点都没有了。大家相互看了几眼，意思很明白，我们不想做野人，我们都是文明人。

"那是你们还没有发现它的妙处。"为了证明他的话正确，他认真地咬了一块生肉，细细地吃了下去，一副非常陶醉的样子。

直把我们看得头疼，想吐，为他感到可怜，这么难吃的东西都变成了美味，可见他的胃在美国受到了多少委屈。

王先生也为我们感到遗憾："为什么这么好的东西，你们竟然不喜欢？"

没有办法，这就是文化的冲突，这就是饮食口味的冲突。公说公有理，婆说婆有理，大家都认为自己对饮食的品味是最好的。

不用问，初到美国的人是无福消受这样的食物的。那些价格昂贵的牛排，几乎都被剩下了，王先生心疼得直皱眉头，却又无可奈何。因为这都是牛身上最嫩的部位做成的，价格自然不菲。

我也非常心疼，要是把这些嫩牛排用国内的做法，放些生姜、醋、酱油、八角大料等传统调料，红烧一下，一定会做出一锅丰盛肥美的红烧牛肉，那样的口感才是真的好。

从那次晚宴之后，我终于明白了一个道理。不是说美国人的饮食不好，只不过是他们的饮食不适合中国人的胃口和饮食习惯，因为饮食是有文化和历史性的。很多初来美国的国人，并不能一下子就适应美国的饮食。

美国素食和生食比较盛行，除了在中式餐厅，我几乎没有见过美国人炒蔬菜，也许他们根本就不用这种方式烹调，主张凉拌和生吃。他们喜欢吃青

传承如一的奢华风格。

豆、菜心、豆苗、刀豆、蘑菇等蔬菜。在用料上，他们主要用黄油、奶油、奶酪、沙拉。熟食的烹调方法以煮、烤、铁扒为主，从来没有用过红烧、蒸等方式。

美国人喝的热汤也不烫，菜肴的味道一般是咸中带点甜。以肉、鱼、蔬菜为主食，面包是副食。甜食有蛋糕、家常小馅饼、冰激凌等。在做一些类型的美国菜时，厨师烹调不放调料，调料放在餐桌上，客人根据自己的口味自取，非常随意。

美国人十分注意海产品和牛肉的质量和卫生条件。商店里卖的很多都是保鲜的食品。

第13章
源自美国本土的食物——超级肋排

"既然你不喜欢生鲜牛排，那么我再给你推荐一种美国本土的牛排，这个口味应该不错，也许会叫你满意。"王先生看我对嫩牛排不感冒，于是又给我推荐了另外风格的牛排，这个属于快餐店。牛排价位不高，加上税，好像是20美元左右的样子。

开始，我感觉价位适中，但是等牛排端上来之后，我感到非常吃惊，因为它的量实在太大了，相比它的价位，真是物超所值。

这里的肋排根本不是在中国西餐厅里吃的一片烤肉，或两根肋条，倒好像是一整只小牛身上一扇的排骨。看着这份牛排，我感觉美国的牛排价位真便宜，在国内就餐，我还没有见过如此巨大的牛排。这样多的牛排，足够几个人吃了，难怪美国人的身材如此壮观庞大。

牛排是用文火慢慢烤出来的，里面的油都烤掉了，上面经常有很多香喷喷的肉汁。牛肉很酥软，咬一口，满嘴生香，色香味俱全。牛排的配菜很不错，一个巨大的烤土豆，土豆的中间涂满了黄油和酸奶油；还有一个汤，我喝了一口，发现汤里放了很多奶酪。

我大口地吃着，没有想到自己竟然能吃这么多的牛肉，吃完后，心里有些担忧，不知道这些吃下去，会不会也会有当地人那般庞大的身材。

王先生告诉我，牛排是在美国本土发展起来的，而非由移民们直接引进的地道美国菜。因为当年在美国的蛮荒时代，新移民在迁徙途中，牛仔在野外放牧最理想的食物就是美国野牛。

经过一天的奔波，人们支个火架，挂上随身带来的牛肋排，然后再向火堆里扔几个土豆，再吊上一口小锅熬点汤，在很短的时间内就可以酒足饭饱。肉质肥厚的美味牛肋，为野外生存的人们提供了足够的能量和御寒能力。

虽然现在人们已经不再过那种流浪迁徙的生活了，但吃烤牛肋的风俗却保留下来，而且连烤土豆、炖汤也成了经典的配菜。这道菜很有美国快餐的精髓，肉多，天天吃肉不吃菜。

骨肉相连的美味。

在美国待的时间久了，我发现大部分美国人天生就是食肉动物，他们不但爱吃牛排，对猪排也很喜欢，我在美国饮食界工作的时候，做过烤猪排。记得当时我是边做边吃，非常过瘾。

我刚去餐厅工作的时

BBQ式烤肋排，有着勾起食欲的经典造型，"肉食动物"的最爱！◎赵涵／摄

间不长，就遇见过一次烧烤晚会。在美国人眼里，吃似乎不是第一位的，边吃边玩才是更重要的。很多客人在草坪上边看各种节目，边吃烧烤。

我们在屋里做好烧烤端到外面给客人吃，我看见很多猪排被抹上黄油和各种调味品，然后便放置在巨大的烤箱里设定好时间。

在美国，无论是大饭店还是个人的小家庭，到处都有烤箱的身影，烤箱是美国餐饮界最重要的一种烹调设备。在美国餐饮界，很多菜的加工制作，都离不开烤箱。

很快，鲜美的猪排烤好了，我看着刚出烤箱的猪排，它们一个个由里到外烤得焦黄，散发出诱人的香味，我一个劲地咽口水。

"你是不是很喜欢猪排？"我旁边的好朋友玛丽问道。

"是啊，真是好东西，我的口水都快流出来了"，我坦率地告诉玛丽。

"那你为何不拿出来一些先尝尝？"

美国餐馆的烤肉都是由后厨即时烤制的。◎赵涵／摄

"这，这个似乎不太好吧？"我很犹豫，但是美食的诱惑，我却难以抗拒。

"没有关系，我们做出的食物，理所当然第一个去享用。"玛丽四周看看，正巧在这个时候，上司们和其他的员工都在别的地方忙碌着，所以只有我们两个人。

于是，玛丽拿出一个较大的肋排放到盘子里，然后又舀

牛排丰富的口味来自对各类肉品的细致认知与把握。

了一碗汤汁，把汤汁洒在肋排上，然后便大吃起来。"真是美味，赶快动手吧，难道你还没有流口水吗？"

"好的，我会的。"我早已经克制不住了，也拿出一个猪排放到盘子里，然后塞进嘴里大吃起来，真是外焦内酥，非常有嚼头。我大口地吃着，我的口水也随着猪排咽了进去。

真不知道，和咱们饮食文化完全不同的美国人，竟然也能做出味道如此鲜美的酱汁，可见他们的饮食也有很多可取之处。

吃完一个，感觉不过瘾，于是，我拿出十多个猪排，放到盘子里，用塑料膜包好，等休息的时候慢慢享用。

到了休息的时候，我和玛丽一起，端着大盘子，跑到餐桌上大吃起来，那个晚上，我吃了十多个猪肋排，是我平时吃猪肉量的五倍。我第一次发现，原来猪肋排真是天下一大美味。当然，事后有些担心，不知道和美国人一样无拘无束地享用猪排，会不会很快就长成美国肥胖者的身材，那样享用美食的代价有些大。

很难预测，在美国餐饮界抵挡不住美食的诱惑，大吃大喝的时间长了，身材会不会很快走形。

记得美国朋友曾经谈起运动减肥，当时我不以为然地想到，运动只是其中的一个方面，最重要的是他们的饮食习惯，过于放纵自己的嘴，见到好吃的，就忘乎所以地大吃特吃起来。只要他们管住了嘴，自然就会瘦下去，但现在，在美国大餐的诱惑之下，为了满足口福，我也只好不顾其他了。

第14章
丰富多彩的意大利面

美国人不但爱吃肉食，面食吃得也不少。

其中的意式烘馅饼是美国的速食，它多用意大利式的烘馅饼。常用馅的配料是牛肉、鸡肉、香肠、蘑菇、洋葱、奶酪等。这种馅饼现烤现卖，所以当顾客进入速食店后，用不着久等，皮脆馅美的馅饼便呈于面前。许多馅饼店均备有各种各样的馅料和馅皮，可供顾客选择。吃这种馅饼时，顾客可配以意大利通心粉或三明治，还可配以不含酒精的饮料等。

在美国，意大利馅饼的品种无法与意大利面相比，最流行的意大利食物就是意大利面。在国内，很多人愿意吃面条，面条品种繁多，南北不同，但是在美国，见到了意大利面，才发现这些风格迥异的另类面条品种更加繁多，足以叫人耳目一新。

我吃了几次意大利面后，发现这种面条的做法不像国内那么简单，它还有很多不一样的风格特点。

单看意大利面条的外形就让人目不暇接了，意大利面条的造型千姿百态，有长的、短的、扁的、圆的、宽的、弯的、中空的，还有海螺、蝴蝶、指甲片等造型的。

不但造型奇特，它的颜色也非常丰富，主要有黄色、橙色、红色、绿色等掺杂了水果汁和蔬菜汁的。在质感上它们都很干很硬，像是塑料制品。

所以，在英文里一般的面条叫noodle，而把意大利面统称为pasta。第一

形状各异的意大利面。

次我们饭店做意大利面的时候，主管说了半天pasta，我也没有明白什么意思，等着做好了，我才明白，原来pasta就是意大利面。

在师傅的帮助下，我也学会做意大利面了，生的意大利面很硬，由于意大利面的原料特殊，所以它煮制的时间就比较长，在高温下，往往要十分钟左右，而且还不能完全煮透，要保证有嚼劲。

煮好的面用漏勺盛出来后，立刻加上一大桶冰块，搅拌后再用清水捞出来，然后再浇上水和已经调好的酱汁，比如说是西红柿酱，还有一些奶酪。

总之，大多数美国的食品都有奶酪的身影，没有奶酪的食品，似乎就不是美国的饮食。就连我们平时喝的稀饭，美国人也要加奶酪进去。所以，对于这个美国最有名的食物，做意大利面，美国人更不会少放奶酪进去。

意大利面著名的三大酱料体系是番茄底、鲜奶油底和橄榄油底，再配以各种辣椒、西红柿、海鲜、蔬菜、水果、香料，形成复杂多变的酱料口味。

一份完美的意大利面通常要配上一份酱汁和奶酪，并且把表面烤成焦黄色，放在面前奶香四溢，诱人食欲。意大利人吃面一般用叉子或勺子送到口中，吃的时候尽量不要发出声音。

意大利面的酱汁同样也是丰富多彩的。他们会把原材料相互搭配出很多风味独特的酱汁，比如说牛肉酱、番茄汁、奶油培根汁。当然这是意大利面的批量做法。

每次饭店里做好了意大利面，几乎都不会剩下，即使剩下，也剩得不多，大多数顾客见到意大利面肯定拿一些去吃，很少有对意大利面无动于衷的人，除非是亚洲人，他们对意大利面的热情没有美国人那么高。

快餐店里意大利面的做法更加丰富多彩，不但有煮的面，还有炒的面，不但配置各种各样的调料，而且还有海鲜、牛肉、时新蔬菜，色彩鲜艳，叫人食欲大开。

比较受欢迎的意大利面有：奶油蘑菇意大利面，海鲜意大利面，番茄肉酱意大利面，鲜虾奶油意大利面，奶油番茄意大利面，奶油培根意大利面，虾炒意大利面，金枪鱼意大利面，意大利肉酱面。

用贝类制作的意大利面。

孩子们非常喜欢吃意大利面，每次走过意大利面馆，发现里面总是人满为患，因为它的口味实在太美妙了。

第15章
三明治和潜艇三明治

　　我在美国餐饮店工作的时候，曾经做过三明治。三明治人人都喜欢吃，笼统地说，三明治就是面包夹火腿，看似简单，无非就是把奶酪、西红柿、生菜以及客人点的肉美观地包在面包里。但是作为一个初学者来说，重要的不是如何去做，而是要记住所有配料的名称，这对一个异国的初学者来说，不是一件很容易的事。

　　我要做的是首先区分面包的种类，美国的面包并不像中国面包品种那么单调，与中国常见的几种大众口味的面包相比，美国可以说是面包的世界，在超市里陈列着品种繁多的面包，密密麻麻，叫人眼花缭乱。美国人似乎对面包的口味比较敏感，在我的嘴里面包都是一个味道，而美国人却可以吃出不同面包之间的细微差别。

　　具体到做三明治上来，我所在的那个店里，经常要用的面包有以下几种：意大利白面包、全麦面包、蜂蜜燕麦面包，每种面包都有不同的标志，根据顾客的需要，拿出不同口味的面包为客人做三明治。这是做三明治的第一步，区分面包，也是最简单的一步，毕竟面包的品种不多，即使有的店里面包的种类比这个店

常见的三角形三明治是美国家庭的一项主食。

多，但比起其他的配料来讲，简直是小巫见大巫。

做三明治的第二步就是根据顾客的要求选择Cheese和各种配菜了。开始的时候，这是叫我最头疼的工作，因为美国是Cheese的老家。所谓的Cheese，翻译成中国话来说就是奶酪，在国内也有人按照它的发音直接称呼为"芝士"。

美国奶酪的品种可不是一般的多。这些做三明治的各种奶酪，从外表上看，是五颜六色的，每种颜色都有不同的名字、不同的口味。所有的奶酪都装在不同的器皿里，这些器皿都是统一尺寸的黑色塑料盒子，上面用白色透明的塑料盖盖好。

这里经常用的奶酪品种很多，但我经常用并能叫上名字的有以下几种：西班牙奶酪、瑞士奶酪、意大利干熏奶酪、美国奶酪、英式蒙特利奶酪。这些奶酪，我以前没有接触过，开始的时候，只有强记下来，生怕忘掉，有几次忘记奶酪的具体名字了，于是便急中生智，叫顾客把他们所需要的奶酪指给我看，这样，我就把奶酪直接加到面包里。后来，做的次数多了，便也都能记住了。

相比奶酪，配菜还是很容易知道的，这些蔬菜在国内都见过，但是我头疼的是这些蔬菜的发音，有的时候，美国人说话太快，我一时间反应不过来，只好再问一遍，或者告诉他们用手指一下。

典型的潜艇三明治。

这些配菜主要有洋葱、西红柿、莴苣、黄瓜、酸黄瓜、青椒、小黄瓜、胡萝卜，这些青菜都按照规定切成片和丝，根据顾客的口味，直接放进三明治里。

除了蔬菜之外，做三明治的其他配料则是国内不常见的材料，比如说橄榄，又分为黑水橄榄和清水橄榄，还有意大利香料、胡椒、香蕉胡椒、墨西哥胡椒等，这些材料我也花了不少时间，最终才记住。我做三明治的时候终于发现了一个问题，在国内把英语学得再好，到了美国还是有这么多从来都没有见过的单词和食物。

做三明治的酱汁(salad dressing)有清淡的美乃滋、芥末、美味无比的烤肉酱（BBQ Sauce）、意大利沙拉酱、乡村沙拉酱，还有大蒜等调制成的Sauce、棕色芥末、蜂蜜芥末、甜洋葱酱、水牛酱（Buffalo Sauce）、醋、盐等。

至于三明治中应该加入的火腿、肉片，倒是很好记，因为就是简单的几种，比如说火鸡胸肉、火腿肉、香肠、小肉丸，甚至是全素的，这些东西我最起码知道是怎么回事。

做三明治的过程很简单，就是把面包切开，加上顾客要的火腿或者是肉片，按照顾客的口味加上不同的配菜，再加上奶酪和酱汁就可以了。最后用刀子沿着对角线切开，一个美味可口的三明治就做好了。

但对初学者来说，记住所有的配料不是一件容易的事，刚开始的时候，我每次都是提心吊胆的，生怕哪点做错了，叫人看出我是门外汉。也害怕做出的三明治口味不好，叫顾客不满意。在美国顾客是上帝，要是我把上帝得罪了，我在饭店里也不会有容身之地。

不过，后来我发现我所有的担心都是多余的，美国顾客那种大大咧咧的性格决定了他们的粗心大意，他们被那些美食所诱惑，没有人发现我是个什么都不会的南郭先生。看来美国这群上帝还是比较好伺候的。

做了几次之后，我便艺高人胆大，俨然成了一个正宗的美食大家。因为我发现，美国的三明治就是那些调料，只要是按照步骤和程序做出来的三明治，肯定就是顾客所要的口味，根本不需要像中餐那样，去讲究什么火候、口感。

美国人很喜欢吃三明治，要是遇见胃口特别大的人，他们会要加倍的火腿、加倍的肉片、加倍的调料，有人就要两份三明治。美国人点这个餐配料的时候，非常自如，因为他们很喜欢三明治。有些客人和我熟了，还让我按他们的配菜做出他们个人设计而成的特制三明治。我发现他们吃这些充满个人特色三明治的时候，非常享受。

也许是文化的缘故，我很少看见国人来点三明治。我想口味的差异肯定是重要的原因，因为国人更加喜欢中餐。除此之外，还有一个原因，那就是国人即使想换个口味点三明治，但他们面对这些从来没有见过的"西洋景"，也不知道如何开口去点。

因为这些东西在国内根本就没有，他们都没有见过，更不要说它们的名字了。

我曾经遇见一个来自国内的学生，看来他刚从国内来到美国没有多久，想要点三明治。但是他站在那里结结巴巴地不敢开口，因为他不知道配料的名字，更不知道它们的口味。愣了一会儿后，他只好东一个西一个地到处乱指，"这个""那个"地说着，在语言不通的情况下，多用些代词总是没有错的。

看他这么费事，我想起了自己刚到美国点三明治的尴尬经历，于是便告诉他，如果他不知道用什么材料的话，我可以帮他做一种口味不错的三明治，他一听立刻感恩不尽。

不光是我，很多刚到美国来的朋友都有这样的亲身经历，面对着这些从来都没有见到过的材料不知所措，各种各样的蔬菜（vegetable），各种各样的火腿和肉（meat），各种各样的面包（bread），从来都没有见过的奶

酪（cheese），各种各样在国内没有的调料（sauce and dress），既然没有见过，那么就更不知道它们的口味了。于是很多人便自作聪明地随便点，这样乱搭的结果是，花了钱却吃到各种各样奇怪的味道，有时候是难以下咽的三明治。

所以，我建议初到美国的朋友可以这样点三明治：如果你看见一些没有见过的食物，先不要随便去点，先点一些比较熟悉的食物和奶酪，这样做出来的三明治味道比较放心。

如果你比较开放，愿意接受新鲜的食物，什么都想尝尝，那么你可以直接说"Everything"，意思就是每种食物都来一点，当然结果很难预测，也许能配出美味，也可能会难以下咽。

如果你只有几样食物不喜欢，可直接跟服务员说"No"，比如说不要洋葱、不要橄榄。至于sauces and dressing，倒是可以多尝试一下。

要是一次点多了新鲜的食物，那样做出来的食物的口味就不敢保证，虽然不排除会做出非常美妙的味道，但也很有可能会吃到一些很奇怪的口味。

不过，我不太喜欢奶酪，所以我吃三明治有的时候也不放奶酪，但是sauces and dressing，我每次都放一些，如果不放这两种，感觉不像在吃三明治。

我是自己配了好多次三明治，最终才知道各种奶酪和sauces and dressing的口味，也知道自己喜欢哪类调料，不喜欢哪类调料。我发现很多美国人在饮食上也有惰性。我认识几个固定的顾客，他们几乎每次都点固定几种奶酪和sauces and dressing。虽然有的时候也有一些变化，但是变化并不是很大。

在所有的配料中，我最喜欢吃酸黄瓜了，这个味道非常美妙，有些类似于中国的酸菜的味道，但又有一种说不出来的美妙味道，尤其夹在三明治当中，好吃极了。

有人说，在美国麦当劳、肯德基的汉堡和薯条涵盖了美国菜一半的内容，三明治和沙拉则涵盖了美国菜的另外一半内容。我感觉这句话还不太完整，应该再加上一句话，那就是在美国的饮食中，其他国家菜的混搭，比如说中国菜、日本菜、韩国菜、泰国菜、墨西哥菜、法国菜、意大利菜，加上美国人的创造，又是美国菜的另一大特色。

这些虽然都不是地道的美国菜，但是也极大地丰富了美国的饮食品种。所以到了美国，不吃美国的三明治，也没有真正享用过美国的饮食。

在美国，待的时间长了，熟悉了美国常见的几种食品后，就可以轻车熟路地按照自己的口味向服务生提出菜谱，让自己舒舒服服地吃一个三明治。

除了普通的三明治外，我还吃过一种特殊的三明治，是由长面包做成的。味道非常不错，这个三明治有一个非常奇怪的名字，叫作submarine sandwich，翻译成汉语的意思就是"潜艇三明治"或者"潜艇堡"。这和潜艇本身没什么关系，之所以叫这个奇怪的名字是因为三明治是由长面包做成的，它的样子有些像潜水艇。

这种三明治的个头超级大，大到什么程度？我发现很多初到美国的中国朋友，吃上半个就足够了，但是我却能一次吃上一个，并不是我的饭量比一般人大，而是我实在太喜欢这种潜艇三明治了，即使我很饱了，我也会忍不住使劲地吃它。

记得第一次吃这种三明治是在纽约市最繁华的街道上。由于前一天晚上，我们到时代广场逛了很长时间，回到旅馆的时候，已经很晚了，所以，我们早上起得比较晚。按照我们的行程，应该去纽约最繁华的第五大道购物。

在纽约的第五大道，有很多世界一流品牌的专卖店，比如说LV、Gucci店，大家都知道，在美国买这些牌子，同样的商品，价格比国内可以便宜一半甚至更多，所以，我的上司趁着出差，多买一些这种世界名牌带回国内，送给朋友和一些关系单位。我们去商店采购的任务很重，要买的东西很多，所以计划中午逛完街后，再找个不错的饭店，去吃美国正餐。

由于错过了早饭，肚子有些饿，所以，我们计划先随便点一些快餐吃，然后再逛街。于是，我们就走进了一家门头不大的快餐店，这个快餐店不算大，里面的桌子不多，客人们在安静地享用盘中的食物。

看见有人排队点餐，于是我们也过去点餐。

"这里的三明治个头这么大，我们五个人点三个怎么样？"旁边的朋友看见客人手里拿的特大号的三明治，悄悄地对我说道。

"好的"，我点头道，说句实话，当时我不是很饿，而且正在惦记着中午的正餐，所以，只是想随便吃点，垫垫肚子，省得一会儿购物的时候会挨饿。

没有多久，我们就拿到了潜艇三明治，由于这里的三明治个头超大，所以，每个潜艇三明治都被切成两半。

我拿起半个三明治品尝起来，竟然发现潜艇三明治的口味非常好，最起码比我以前做过的普通三明治好吃，尤其是夹在三明治中间的酸黄瓜，味道相当可口。于是，我放开肚子大吃起来，很快就把手里的三明治消灭掉了。

我看见朋友们还在慢条斯理地吃着，忍不住又拿起一块三明治吃了起来。最终，我一个人吃了整个巨大的三明治，大家都吃惊地看着我。

"记得你的饭量不大，今天似乎有些反常。"看见我大口吃着"潜艇"，周围的朋友都很吃惊。

"你们没有感觉它口味很好吗？"

"还凑合，没有过分地好，只不过是一般的快餐而已。"大家似乎没有什么感觉。

"说句实话，我真没有觉得有多好，只是很一般的食物，要是你还想吃的话，你还可以再多点一些，不过，我劝你还是多留点肚子，中午咱们还要吃正餐，不要被这些廉价的快餐食品把肚子填满了"，我的顶头上司说道。她在国内几乎尝遍了所有美食，对中国美食很有鉴赏力。由于她到美国的时间不长，所以她对美式饮食，还没有熟悉过来，更谈不上接受美国饮食了。

"不用了，谢谢，现在我饱了。我也不知道为什么，就这么喜欢吃'潜艇'"，我实话实说。

没有办法，人和人之间第一次见面，有一见钟情的说法。同样的道理，有些人从一开始就喜欢某些食物，所以一有机会，就吃某种食物，所以，人和食物之间，也有一见钟情的感觉，我发现我对潜艇三明治就是一见钟情。

从那以后，我就经常点潜艇堡吃，时间长了，我知道了潜艇堡名称的来源，在英语里，潜艇堡的单词是"submarine"，所以也经常简称为"sub"。点的次数多了，我也对点潜艇堡的步骤了如指掌。

首先是点餐的步骤，到店里后，要先到柜台告诉店员，你想要潜艇堡的种类。一般有肉丸潜艇堡、意大利潜艇堡（里面有意大利辣味香肠、蒜味香肠等意大利配料）。潜艇堡里有的放肉片，有的加火腿。

第二个步骤是选面包，选好要吃的潜艇堡的种类后，再告诉店员，想要哪种面包的潜艇堡，包括想要的面包和它的尺寸。面包通常有小麦面包和白面包。它的尺寸有1英尺和6英寸两种，6英寸就是1英尺的一半（1英尺约合0.3米，1英寸约合2.5厘米）。

第三个步骤是添加配菜，潜艇堡常用的配菜有墨西哥辣椒、橄榄、西红柿、青椒、莴苣、洋葱、腌黄瓜、酸黄瓜。在美国的食物中，洋葱占有相当重要的位置，在很多菜谱中，都见到过洋葱的影子。在所有的配菜中，我比较喜欢添加橄榄、洋葱和酸黄瓜。

第四个步骤是放置调味料，当所有的配菜都选好之后，就可以淋上各式的调味料，让潜艇堡更加美味。潜艇堡常见的调味料有：油醋、胡椒盐、黄芥末、西红柿酱、酸黄瓜酱、蛋黄酱、"第戎芥末酱"和蛋黄酱混合的酱、棕色芥末酱等。

最后放置各种奶酪，这样就吃到可口美味的潜艇堡了。每次我一想起鲜美的潜艇堡，食欲就大增。

有一次我在纽约第五大道上一个快餐店里吃潜艇三明治，突然看见一个经常在电影电视中出现的演员也在吃饭。我看过很多他主演的电视剧，他的身边没有粉丝，也没有人找他签名，他和几个朋友随便地坐在那里吃普通的快餐。虽然他不认识我，我却有一种他乡遇故知的感觉，本来想找他聊几句，但是看他身边坐着一位衣着得体的女士，又害怕打搅他们用餐，所以就没有走过去聊天。

还有一次，也是在纽约的大街上，我的朋友告诉我，她看见身边过去的是一个香港的影星，这个影星曾经在影坛红极一时，后来嫁了个大款在纽约定居。

"也许你看错了？"我说道。

"我敢保证，我绝对没有看错，前几天我还和她一起吃过饭，现在她已经变成了中年妇女，风华不再了。"

唉，这就是美国，这就是纽约，这里有着来自世界各地的精英，无论你的过去有多么辉煌，但在这里只不过是沧海一粟，所有的过去都将无人喝彩。

第 16 章

鸡翅——美国人的最爱

我在美国的餐饮公司工作过一段时间，开始工作的时候，对美国人的饮食隔岸看花，看得稀里糊涂，丈二和尚摸不着头脑，有时还感叹，这么多新鲜的好东西被美国大厨糟蹋掉了。要是在中国，同样的资产、同样的材料、同样的员工，老板节省点用，可以挣出比美国公司多很多的利润。中国的餐饮业，对客户剩下的食物，可不舍得随便扔掉，肯定会想方设法地回收保管，最终还是叫消费者掏钱买下来。

随着时间的流逝，慢慢地我对美国的饮食开始熟悉起来，了解了美国饮食体系各种食品的烹调过程，对美国

香脆型的美国鸡翅。

饮食的偏见也打消了，我发现用自己的眼光去看美国的饮食，难免片面。从某种意义上来讲，美国的饮食界有很多值得我们学习的地方。尤其是美国饮食界的制度、法规，还有美国饮食界对配菜的营养、口感的重视方面，都有很多独特之处。

我工作的地方，和美国其他餐饮店差不多，几乎每天都剩下不少东西被人们扔到垃圾堆里，是浪费极为严重的地方。但只有一种食物是永远都不会倒掉的，不但不会倒掉，而且还供不应求。无论店里做多少，到了最后，总是剩不下，这个东西就是chicken wing，也就是炸鸡翅，所谓的炸鸡翅不仅仅只有鸡翅膀，还有鸡翅根，但因为人们说习惯了，所以就通称为炸鸡翅。

做烤鸡翅的过程是这样的，首先得把鸡翅放在烤箱里烤一段时间，烤箱的温度定在375摄氏度，把鸡翅烤熟，将鸡翅里的肥油烤掉。烤完后，再把鸡翅放到油锅里炸到它们变成焦黄，用温度计测量温度。

鸡翅在油锅里的时间不能太长，时间太长鸡翅会烤老，影响口感。也不能太短，太短同样不合格，而是要恰到好处，好在美国菜做法比较简单，只要按照操作规程上所规定的时间操作，最终肯定能做出所期待的食物，并不像中餐那样对厨师有着很高的要求。

做鸡翅膀的关键是一定要用新的油炸，只有这样炸出来的鸡翅膀会最香。我们一般都是从储藏室里拿出成桶的新油倒进油锅里，然后再把鸡翅膀放进去，没有多久，鸡翅膀就炸好了。

那些炸得焦黄、外酥里嫩的鸡翅膀或者鸡翅根，稍微冷却一下，然后，用各种调料来调那些鸡翅，这些调料有酸的、甜的、辣的，每种调料都各具风味。

尤其值得一提的是这些调料，真是各有风味，我发现西餐之所以好吃，它的调料占了相当大的比重。

我最喜欢吃的就是BBQ调料，BBQ调料指的是烧烤调料，那个味道美妙无比，非常好吃，自从我第一次吃到它以后，很多食物我都要加上BBQ调料，吃烤鸡翅，BBQ调料更是必不可少，我根本想象不到，要是吃鸡翅没有调料，尤其是没有BBQ调料，它还会不会如此鲜美。

用调料拌好以后，香喷喷的"chicken wing"就做成了。西餐讲究的是现炸现吃。要是放置的时间稍微一长，一凉就不好吃了，对美国人来说，只要是食物凉了，再好的东西也得倒掉。

尤其是快餐行业，比如说汉堡，还有其他的食物，只要当顿卖不掉就倒掉。绝对没有热热再吃这么一说，这点和中餐有很大的差别。中餐剩菜剩饭照样回锅热热，有人还把剩菜再卖出去，在美国这是违法的。

到了晚上用餐的时间，学生们一走进餐厅，好像立马就闻见了烤鸡翅的香味，这群美国学生的鼻子对烤鸡翅的嗅觉就像狗一样灵敏。从进餐厅的那一刻钟，他们就感到了烤鸡翅的存在，立马，购买烤鸡翅的窗口排成了一字长龙。

学生们很讲究礼貌，这方面绝对自觉，在公共场所，很少遇见过他们不按照顺序排队的事情，虽然他们已经馋得口水哗哗流了。

美国人的性格非常直率，他们丝毫不掩饰自己的表情。很多人的口水在流，眼睛都已经变成了红色，一动也不动地盯着烤鸡翅，这是他们的美味，到目前为止，我还不知道有什么食物可以取代烤鸡翅在美国人心中的地位。

很快，眼前的烤鸡翅就被一扫而空，我催促助手们赶快抓紧做。他们用最快的速度去做，可怜两个人已经累得满头大汗了，即使这样也赶不上学生们吃烤鸡

翅的速度。

到了休息的时候，我给自己盛了满满两大碗烤鸡翅。西餐趁热吃是很香，我虽然一向不喜欢吃鸡，但是对于这个却是例外，我特别的喜欢吃，真是好吃，名不虚传。尤其是BBQ调料的chicken wing，又香又脆，的确是美味。我发现我很喜欢西餐。

除了烤鸡翅以外，最受美国人欢迎的就是冰激凌了。美国人对冰激凌的喜爱程度难以用语言表达，很多儿童最大的梦想就是从早饭到晚饭，一天到晚，全部的食物都是冰激凌。成年人和老人对冰激凌也是情有独钟。

有人说如今平均一个美国人一年要消费45公斤左右的冰激凌，美国的超市冰激凌品种繁多，在每个城市都有冰激凌连锁店。这些连锁店里顾客盈门，有的时候，还排着长长的队伍，可见美国人对冰激凌的喜爱程度。

也许对中国人来讲，这些只不过是很一般的食品，可对于美国人来讲，这些是再美味不过的了。

我正在忙着，忽然看见主管的儿子也坐在那里，正在大口大口地吃着烤鸡翅，看来一向自诩自己是世界上最尊重规则的美国人，也知道假公济私。不用问，主管看见今天晚上供应烤鸡翅，就把孩子也带过来占便宜了。看来利用职权之便占公家便宜的现象，在美国也不少见啊！

多汁型的美国鸡翅。

第2卷

异彩纷呈的饮食文化

第 17 章

美国的饮食与交际

有人说，从饮食的角度上看，美国比不上中国。因为中国五千年吃文化博大精深，人们尝试了所有能吃的东西，饮食文化源远流长，而且饮食品种丰富多彩，只要是没有毒的东西，都逃不出中国人的口。中国人的饮食是食不厌精脍不厌细，有手工精细的小鱼饺，还有各种精致的小食品。中国人普遍都喜欢对食品进行深加工，比如说豆浆、豆腐等豆制品，而美国人对豆制品没有兴趣。

美国人的饮食就相当单调，美国人对于食品要求也很简单，连一只烤鸡翅也会让他流口水，前提是他只须用微波炉加热就能下肚。由于饮食如此简单，美国人就给饮食创造出其他附加物，比如说美酒、艳舞、派对、音乐，但几乎都和增加食品复杂程度无关，反而促进了其他文化节目的发展。美国人的吃一般都要和玩乐挂上钩，好像只有这样，才是真正的吃。在美国的各种派对上，吃只不过是其中的一项内容，玩得好，晚会其他节目新颖有趣才最重要。

我参加过美国人举办的规模很大的晚会，这类晚会一般在空旷的地方开，四周摆满了桌子，桌子上摆满了食物，还有很多玩具。

吃并不是他们的主要任务，人们参加晚会的目的是为了交际、跳舞，找到朋友。晚会上最叫人关注的不全是摆在

晚餐时分的一家美国餐厅。◎ 赵涵／摄

桌子上的食物，而是跳舞、狂欢的节目，还有所关注的异性是否也来参加这个晚会，并找到合适的机会，成功地结识他们。

从某种意义上说美国人的饮食单调也有其正确的一面，以中国人的眼光看美国饮食，真是越看越不能看。刚开始吃美国食物的时候，由于新鲜和好奇，感觉不错，可是时间一长，很快就会发现，似乎美国的食品就是那些，不是生吃就是凉拌，要不就是烧烤和油炸，总之是不按照咱们中国人眼中的常理出牌。这些不按咱们招数出牌做出来的食物，国人吃多了，会感觉对不住自己的胃，美国的菜再好，也总不如中国的炒菜来得舒服。

环境幽雅别致的餐厅内设。
◎ 赵涵／摄

很多中国人到了美国都不适应美国的饮食，因为美国的饮食不太适合中国人的胃。美国人只喝冰水，就连小孩子也一样，喝的全是冰牛奶。

饭店里早餐只供应冰牛奶、冰水、冰饮料和一些高蛋白的饮食。这些食物对早上一直喝热稀饭、吃热面条的国人来讲，真是折磨，尤其是老年人和身体虚弱的女士。

到美国的初期，无论你的经济条件多好、多么适应美国的食品，绝大多数人都会瘦很多，有人瘦了两三公斤，也有人瘦了五公斤以上。原因很多，其中有些是身体和心理上的压力，当然也有人是真不适应美国的饮食，因为美国的饮食和中国的饮食，完全不是一个系统，差距要多大就有多大。

即使在家里自己做饭，很多时候，由于买不到正宗的中国调料，做出的饭的味道总是怪怪的，要是饿得实在忍不住了，只能闭着眼睛什么也不想，闷着头吃，把肚子填饱才是正事，根本谈不上什么食欲。

很多人说梁园虽好非久恋之乡，就是因为没有家乡食物的味道。任何人无论民族、无论人种，最不能忘却的就是来自于家乡的饮食。每个民族的饮食都有其共性，因为其胃口都是有民族性的。

一提起美国人，就想起了他们的牛肉堡、奶酪，还有冰激凌、巧克力。还有他们满院子的烧烤，到了夏天很多人都在庭院烧烤各种肉食，配着屋里烤箱烘烤出来的各种各样的小点心，吃得津津有味。

一提起中国人，就想起饺子、馄饨、面条、春卷，在外国人的印象中，还有满屋子的油烟，很多华人租住美国人的公寓，常会有麻烦出现。本来到了周末的时候，想改善生活，结果满屋子的油烟排得太慢，引起了油烟报警器的叫声，最后弄得满楼居民人心惶惶，很多华人都有过这种经历。所以华人租过的房子，美国房东有时候很头疼，他们感觉华人用过的厨房里，总是有种和美国人用过厨房不一样的油烟味道。

装潢风格怪诞幽默的牛排店。◎赵涵／摄

美国餐馆里边吃边聊、谈笑风生的顾客。

总之，胃口是有民族性的，美国人的胃和中国人的胃完全不同。

可是在某种意义上来看，说美国的饮食单调，此话有偏激之处。在美国生活了一段时间，最有体会的就是，中美两国不但文化、风俗、氛围、历史内涵、营养价值观和经济条件完全不同，就连饮食也是完全不同的体系。所以我们不能以中国人的眼光去看待美国人的饮食，最终得出美国人饮食单调的结论。

从客观的角度看美国的饮食，或者是以美国人的眼光去看美国人的饮食，你会发现其实美国的饮食非常丰富，他们的饮食非常成体系，有着很多我们所不知道的食物。

要知道，丰富的资源为美国饮食行业提供了强大的后盾和得天独厚的优越条件。美国人均粮食产量是中国人的七倍，这些粮食人消化不完，就分给牲畜，其次再分给出口。因为食品太丰富，却没有足够的人去吃，所以美国的大量水果落到地里烂掉很多。先不说马路四周的无名主人的苹果树上结的果子，就连很多苹果园都是任人去摘苹果，我也和朋友去摘了几次，发现那里有大量的苹果掉落在地上最终化为肥料，还有很多其他的水果也是自生自灭，无人理睬。

第 18 章

美国的家庭主妇都是烘烤高手

虽然国人对美国人的饮食评价不高，但是，对美国糕点的整体评价还不错。我刚去美国的时候，发现我和朋友们所租的房子里，都有一个巨大的烤箱，当时我们对烤箱的利用率并不高，很多人并不用烤箱。因为烤箱的功率很大，非常费电，再一个，我们的饮食主要是煎炒烹炸，很少有烤的食品。

但是对于美国人来说，烤箱是他们很普遍的一个厨房用品，几乎每个美国家庭都有一个巨大的烤箱。

它的利用率非常高，似乎美国人天生都是制作点心的好手。美国人用烤箱烤制面包、蛋糕、点心、桃酥、各种肉类。美国的家庭主妇，很多都有烤制点心的绝活，她们经常烤制一些可爱的小点心。在美国的电视节目上，也常有如何烹调家庭美味小点心的节目，非常受家庭主妇们的欢迎。

在这种大环境的影响下，我也开始学做一些蛋糕，后来我虚心向电视节目、向周围的邻居学习糕点的烤制方法，加以改良，最终做出比较适合自己口味的蛋糕。

在美国超市，最诱人的区域莫过于点心区了，五颜六色的点心，叫你拔不动腿。那些点心有各种各样的形状，烤制得非常精致，味道极为鲜美。

而且美国的奶制品质量高，口感非常细腻，美国人很爱吃，但以咱们国人的口味来看相对油腻，因为放置的黄油

主妇亲自下厨是爱家的最佳表现。

家庭制作的极品早餐——美国煎饼（pan-cake）。◎赵涵／摄

著名的烘焙美食——迷你纸杯蛋糕。◎赵涵／摄

较多，而且超级甜，吃了以后，保证你的体重以最快的速度上升。

美国人不是不希望自己的体重正常，可是他们也管不住嘴巴，因为美国的点心实在是花色口味层出不穷，令人欲罢不能，而且奶油味道非常足。即使最苛刻的中国人，对于美国人的点心也不能不折服，除了太甜、太腻以外，美国人的点心其实还是很不错的。

美国人除了会做点心以外，还会做其他的面食。我去了很多美国普通家庭，发现每家都有烤箱，而且烤箱的利用率很高，很多家庭主妇都是烤制点心的天才。

美国商店里排放着各种各样诱人的蛋糕、面包还有各式的比萨。美国的比萨，味道非常的好。

几乎所有的美国人都爱吃比萨，在美国，比萨是随处可见的平民美食。浓浓的奶酪加上许多馅料，有肉馅，有海鲜，还有水果比萨，比萨被烤制得非常诱人，而且比萨的面食部分口味香甜酥软，叫人无法抗拒它的魅力。

美国人看见比萨后，眼睛冒光、激动不已的样子，令人难以忘怀。现在美国的比萨来到了中国，目前也变成了人们所喜欢的食品，尤其是孩子、年轻人，对比萨是情有独钟。

美国人拿手的面食还有意大利面，美国人非常喜欢吃意大利面。每次意大利面端上来都会排成一个长队，即使做很多也不会剩下太多。意大利面本身口味一般，咀嚼起来有些半生不熟的，但是一配上丰富多彩的酱汁，做出五颜六色的面，就会叫人食欲大振。

我发现，美国的饮食界非常适合于大规模地生产，只要按照食谱老老实实去做，不偷工减料，你做出来的食物和任何美国厨师都不会差得太远。不像中餐，实践性个性非常强，大厨师炒出来的菜，和新手炒出来的菜的味道就是不一样。

第19章
美国各色美味糕点

无论在美国办事，还是到银行取钱，发现到处都摆了食物，有的时候是可爱的糖果，有的时候是烤制的点心。有人说，如果你想每天吃免费的食物，只要留心，就没有问题。还有人说，要是你想吃白食，可以经常到各个办公室里多转悠一下，因为办公室的职员，经常把自己烘烤的点心带来邀请大家一起分享，在美国人的生活中，离不开点心。

感觉美国人几乎所有的食物都是甜的，或者上面有一层厚厚的奶酪、巧克力、小布丁。我经常看到美国朋友要求汉堡多加几张奶酪，这样吃起来才过瘾。

尤其是美国的糕点，更是代表了美国的饮食风格，又甜又腻，甜腻得让我们中国人望而生畏，而这样甜腻的食品，却是多数美国人的最爱。这也许是美国人发胖的重要原因。美国超市里面摆着各式各样的糕点，每种糕点的外形非常精致，但是似乎不太符合国人的口味。

在国内，我肯定会买很多糕点回家慢慢享用，有人说北京稻香村的一些点心很腻，但是美国的一些点心比它更腻。在美国我绝对不敢买很多点心，因为美国的糕点太甜腻了，在给人带来味觉享受的同时，也会造成很多麻烦，最严重的麻烦就是身材的严重走形。

在美国，最常见的糕点是cookie，cookie的外形有些类似于国内卖的饼干趣多多。但是，他的口味却比趣多多甜多了，我在吃第一块的时候，感觉非常好，但在吃第二块的时候，感觉有些偏甜，又吃了几块就消受不了它的甜腻了，国人的肠胃消化不了过于甜腻的食品。

除了趣多多以外，还有一种食物也非常受美国人欢迎，这就是doughnut，其实就是国内的"多纳圈"，也有人称它为"甜甜圈"。甜甜圈是用面粉、白糖、奶油、鸡蛋混合之后，经高温油炸而成。通常上面会撒上糖分、肉桂，或在中间注入奶油、蛋浆。而做多纳圈的面粉里掺入了大量的黄油，虽然吃起来非常松软可口，但热量却很高，吃了这个著名的传统油炸点心，体重很快就会呼呼地向上蹿，不久就会变得大腹便便。

美国人对甜甜圈有特殊的情感，常常能够看到美国人一买就是很多。在美国，许多人以甜甜圈作为早点的主食。甜甜圈的历史，至今有很多说法，有人说，甜甜圈的诞生和英国的清教徒有关，相传反对英国的专制主义，又坚守信仰的英国清教徒一行102人，乘上那艘全世界闻名的"五月花"号轮船，登上了美洲新大陆。

众所周知，欧洲大陆的主妇们会做一种中央装饰着核桃的圆形油炸点心，蘸奶酪或奶油来享用。那些搭乘"五月花"号的清教徒离开英国之后，曾停滞在荷兰，在这段时间，他们吃这种油炸点心，并学得它的制作方法。

还有一种说法是，荷兰殖民者将甜甜圈带入了美国。但是更多美国人却认为，甜甜圈早在19世纪由一个叫作汉森格雷戈的美

香脆的美式小酥饼——曲奇（cookie）。

真不敢想象离了这些诱人的甜甜圈，美国人该如何生活。

多姿多彩、口味各异的甜甜圈，堪称美国人童心的象征。

国人发明。

有人说，英语单词doughnuts是dough（面团）与nuts（坚果）两者的合成语，在荷兰用来表示油炸点心之意。甜甜圈的形状有圆形、棒状等各种形状，但中间挖空的圆圈状是最普遍的。

据说这种形状起源于美国，美国人汉森格雷戈觉得普通的油炸饼中间总是有炸不熟的部分，于是他在面团中心打上一个洞，这样既有油炸饼的口感，又没有炸不熟的顾虑。

他们认为这样做可以缩短油炸时间，不会浪费燃料。还有人说这个形状的起源，不是为了节省材料而把中间省略掉，而是面团遇高热后自然形成的结果。

除此之外，还有一种传说来自美国的土著印第安人。有位印第安人把箭射到妻子揉好的面团上，妻子大吃一惊，面团掉进油炸锅内，中间被箭射穿的部分遇到热油，立即卷成圆圈状，油炸后反而更均匀，味道更可口，成为大家模仿的样子，一直延续至今。

起初，欧洲人只有在圣诞节或狂欢节等节日来临时才会做这种点心，现在的甜甜圈已经变成非常容易看到的美式快餐食品。虽然我不敢像美国人那样一口气吃下半打甜甜圈，但是偶尔吃几个，还是很能满足口腹之欲的。

除了这些蛋糕之外，美国人非常喜欢芝士蛋糕，芝士蛋糕是美国人饭后的常见甜点，通常放在冰箱里面保存，因为常温下芝士很快就会变得很软，影响口感。这个蛋糕的口感非常不错，吃了以后能够回味无穷。

在美国，"派"也非常受欢迎，它的单词是"Pie"，就是小点心的意思，去了美国后，我才知道，美国的家庭做派是很稀松平常的事情，即使是最难做的派皮都有半成品或者冷冻的半成品。

馅是爱吃什么就放什么，最普遍的是南瓜派、苹果派、核桃派、奶酪派、酸橙派、巧克力派等，还有咸的鸡肉派等。派的口感酥软，加上一点打发新鲜奶油或者巧克力片做装饰，好看又好吃。

很多烘烤出来的成品，往往在错误中反倒成了美味，这都不是什么新鲜事。外国人在家庭中烤东西是很随意的，他们把配料单和菜谱都当作参考来对待，大都是在制作时按照自己喜欢的来投料。而且，家家还都有自己的特产，在西点里还曾创造出很多的奇迹和美味。比如说风靡美国和西方的一款经典的巧克力蛋糕"布朗尼"就是一例。

在国外的酒吧、咖啡厅、甜品店里，到处都能看到它的身影，在美国，几乎家家的女主人都能做。据说，这款蛋糕是在很久以前，由美国的一位叫布朗先生的太太发明的。

这位黑人妇女在圣诞之夜为家人做巧克力蛋糕时，由于忙乱，而忘记了打发鸡蛋和奶油所做出的一款失败的蛋糕，这个蛋糕的湿润绵密口感反倒成了意外的美味，家人吃了都赞不绝口。于是，这位黑人妇女就做了更多这样的蛋糕，邀请大家一起吃，人们大加赞赏。这让布朗太太一下成了名，当时家人就用她的名字取名叫"布朗尼"。

这款蛋糕还成为美国家庭中最具代表性的蛋糕，风靡美国，虽然我对很多美国蛋糕不以为然，但是这款蛋糕却叫我流连忘返。

第 20 章

万圣节的故事与南瓜派点心

　　距我住的地方半个小时车程的距离，有个苹果园，这个苹果园的规模很大，产量很高，价格便宜。带着孩子去苹果园亲自采摘新鲜的苹果，并买下来，是个不错的选择。可以让孩子亲近自然，还可以享受劳动的果实。

　　我第一次去苹果园的时候，经过一个巨大的空地，这里摆满了各种各样的南瓜，其数量之大，品质之高，叫我叹为观止。我居住的这个城市的气候非常适合南瓜的生长，所以，当秋季来临的时候，我发现这里到处点缀着各式巨型南瓜王，一片金黄色的富足景象。

　　我的朋友告诉我，马上就要过万圣节了，很多人都会过来买南瓜。她说，南瓜在美国人的生活中，占有重要的地位，

　　这时，我想起刚才所经过的美国人的住宅区，几乎每家都摆了很多南

一盘典型的万圣节小点心，这造型让人如何下得去口。

瓜，它们被做成了各种各样的形状，当时我很奇怪这是怎么回事，现在才知道，原来美国有一个和南瓜密切相关的节日——万圣节。

在美国居住的时间长了，我发现美国人对南瓜情有独钟。南瓜在中国，只具备食物的功能。到了美国，由于它奇特的外形，又具备了装饰的作用。

很多美国家庭会亲自动手做南瓜灯，把亲手做好的南瓜饰品摆放在院子里。即使美国人不想亲自动手做南瓜饰品也没有关系，因为美国商店里的南瓜饰品应有尽有、比如说有南瓜灯等。甚至在一些不错的酒店，用南瓜作为装饰物，把那些外形奇特、金黄色的大南瓜摆放在店内多个显眼之处。

美国人对南瓜的偏爱，和他们的传统节日——万圣节有关。每年10月31日的夜晚，是欧美的万圣节之夜，也就是人们常说的鬼节。在传说中鬼节是闹鬼之夜。和我们中国人对鬼节的避讳相比，美国人好像非常喜欢这个节日，尤其是孩子，10月还没开始，就在热切地盼望万圣节的到来。

从起源上来看，万圣节也算是一个宗教节日，它表示活力四射的夏天已经结束，冷酷的代表死亡的冬天正在来临。到了这一天，孩子们会装扮成各种古怪恐怖的鬼魂样子，敲邻居家的门讨要糖果。看来，美国人快乐的万圣节，对于孩子们的心理成长，也有着积极的作用，它使得孩子们对于死亡这样沉重的话题，能够用一种乐观的心态去对待。

人们为了防范魔鬼的捣乱，于是就在南瓜上刻上吓人的面容，点上蜡烛，做个南瓜灯，放在大门口的台阶上，吓走恶魔和鬼怪，有些像中国的门神，除了南瓜灯之外，还有用南瓜做的装饰品。

万圣节期间还有很多其他的活动，包括砸南瓜大赛、音乐表演、南瓜大游行、令人毛骨悚然的鬼屋展览、手工艺品、家常食品展。

我参加了万圣节，这是充满异国风情的节日。在万圣节的那段时间，大街两边搭着木头架子，把刻镂的南瓜灯分层摆放，中间的架子上排列着很多的南瓜灯。南瓜灯的雕刻造型奇形怪状，有笑脸，有鬼脸，有动物和英文字等，下面用编号和字母表示作品的拥有者。美国的万圣节与中国的啤酒节等商业性的节不同，不是为了卖南瓜，而是为了比赛雕刻南瓜灯，叫更多的人享受节日的气氛，邀请更多人狂欢。

孩子们很喜欢万圣节，尤其喜欢万圣节的化装游行。游行队伍里面的人群中，有成人也有孩子，家长们带着孩子很随意地走着，虽然队伍不整齐，但大家都化了装，他们的造型千奇百怪，有龇牙咧嘴造型的，有骷髅状造型的，有无头魔鬼造型的，还有骑士、牛仔等人物，有小兔子、小狐狸等动物造型。

除了游行以外，最吸引孩子们的就是南瓜玩具，尤其是还可以亲手制作玩具。看完游行，可以到附近的摊位上看看，这里的很多商品都和南瓜有关，那些卖南瓜的摊位，摊主可以教顾客如何刻南瓜。如果有兴趣，顾客可以亲手雕刻一个属于自己的南瓜。首先挑一个喜欢的南瓜，然后会有工作人员在南瓜顶上开个大圆洞，然后就可以用一次性的手套和雕刻用的小刀，抱着南瓜开始艺术创作。很多人埋头奋战，有人独自完成南瓜的，也有几个人合力完成的。

除了雕刻以外，顾客还可以买一些南瓜食物，比如说南瓜饼、南瓜冰激凌。人们还用南瓜排列成迷宫，素不相识的孩子们在迷宫中游戏，他们在神奇的迷宫中你跑我追，看谁最快跑到出口，很快就会混熟了。除了有让孩子们跑跑跳跳的游戏外，还有一些大众艺术活动比如说脸绘，大人们可以在孩子脸上画一个小南瓜或者其他的一些什么奇怪的图形，孩子会非常开心。

我看见很多脸上画着奇怪图形的孩子手里拿着各种奇异的玩具，比如说魔术气球、气球剑、鬼脸等不同动物造型的气球开心地四处乱窜，这是他们最开心的时候。

到了傍晚的时候，所有的南瓜灯都被点亮，接着广场四周也纷纷亮起了灯火，节日到了高潮。

万圣节的晚上也是非常有趣的，如果那天晚上人们在窗户上挂上南瓜灯，就表明穿着万圣节服装的孩子们可以来敲门捣鬼要糖果。这也是万圣节的一个有趣的内容，不给糖就捣乱。孩子们最喜欢玩这种小把戏了，它给孩子带来很多快乐。

这一习俗始于公元9世纪的欧洲基督教会。那时的11月2日，被基督徒们称为万灵之日。在这一天，信徒们跋涉于僻壤乡间，挨村挨户乞讨用面粉及葡萄干制成的灵魂之饼。据说捐赠糕饼的人家都相信教会僧人的祈祷，期待由此得到上帝的佑护，让死去的亲人早日进入天堂。

　　随着时间的推移，这种挨家乞讨的传统传至当今，竟演变成了孩子们提着南瓜灯笼挨家讨糖吃的游戏。见面时，打扮成鬼精灵模样的孩子们千篇一律地都要发出（不给糖就捣蛋）的威胁，主人们自然不敢怠慢，忙说："请吃！请吃！"同时把糖果放进孩子们随身携带的大口袋里。还有一种习俗，就是每家都要在门口放很多南瓜灯，如果不请客（不给糖），孩子们就踩烂他一个南瓜灯，所以，那天人们要为孩子准备各种各样的糖果。

　　除了糖果以外，南瓜派也是万圣节上的一道美食，我也有幸尝到了最典

形形色色的怪异甜点，这到底是节日美食，还是专门做了吓唬人的？

型的美国点心南瓜派。

　　我的邻居德林女士，在我刚搬过去没有多久，就邀请我去她的家里做客，邀请我去吃她亲手烤制的南瓜派。我非常开心，因为她是一位非常和善的邻居。德林以前是英语教师，现在退休在家，丈夫已经过世，她自己住在一幢三层小楼里，常去做义务工作，免费为外国人教授英语。

　　德林女士的生活也很丰富多彩，她有几个关系非常密切的朋友，来往非常密切。我刚到美国的时候，她邀请我一起去上她的辅导班，但是因为我很快就有了不错的工作，时间就变得很紧张，所以只好委婉得拒绝了她的邀请，只是偶尔有空的时候，去听她的课。

　　我知道，美国人一般只把关系密切的亲朋好友邀请到家中赴宴。所以，我没有拒绝，而是抱着体验美国饮食文化、多结交朋友的想法，开心地参加了德林夫人的家庭聚会。除了我以外，德林夫人又邀请了几个她的老朋友。

醒目的鬼怪造型饼干寄托着人们的美好心愿——拥有一个欢乐的万圣节，并让妖魔鬼怪远离他们的生活。

"请你到我们家里做客的时候，不要带任何东西。这只是一个简单的聚会。"德林女士告诉我。

"好的。"客随主便，我知道美国人之间的交往非常直率，他们也有礼尚往来的习惯，但他们忌讳接受过重的礼物，一则是美国人不看重礼品自身的价值，二来法律禁止送礼过重，从家乡带去的工艺品、艺术品、名酒等是美国人喜欢的礼物，除节假日外，应邀到美国人家中做客，甚至吃饭一般不必送礼。大家都带些小食品去参加，这种美国的家庭聚会很随意。

如果主人需要客人带什么东西，比如说饮料之类的，会直接告诉客人。一般去朋友家聚餐，都会带一些自己做的食物，放在一起，大家共同享用。

但是如果主人特殊交代不用带食物了，那就按照主人的要求去做。

我知道，美国是时间观念很强的国家，各种活动都按预定的时间开始，迟到是不礼貌的。所以，我按时来到德林女士的家里，发现有一个韩国朋友和两个美国朋友已经到了那里。

我看着大家一本正经地坐在那里，对这次聚会的主题南瓜派抱有很大的期待。

与中国人七大盘子、八大碗招待客人的风俗习惯不同，美国的家庭聚会的家宴则是经济实惠、不摆阔气、不拘泥于形式。菜肴似乎有些过于简单，桌子上的食物只有几样，一张长桌子上摆着一大盘沙拉、一盘面包片以及一个大的南瓜派。

我们围着桌子而坐，德林夫人说一声"请"，每个人端起一个盘子，取食自己所喜欢的饭菜，吃完后随意添加，边吃边谈，无拘无束。

德林女士非常客气地给我们端上来她的杰作——南瓜派，那是一个像蛋糕一样的形状，外表是黄色的，由于刚从烤箱里拿出来，所以冒着热气。

德林女士用刀切好，然后我们每人都拿起一块放到盘子里，享用这个刚出锅的南瓜派。

德林女士烤制的南瓜点心外表焦黄，里面的馅做得不错，我咬了一口，感觉不错，口感是香脆和柔软的结合，有一种奶油的味道，还有南瓜的香气，又有一种酸酸甜甜的味道，很吸引人。但是吃了几口，就发现，以咱们国人的口味来讲，这个南瓜派太甜、太腻了。虽然整体口感不错，但绝对不是什么美味佳肴，我并不想一次吃太多。

餐桌上摆着的小吃都是客人带来的一些拿手好菜，有炸葱头圈、热狗，以及一些时令水果，品种不多，但是刚好吃饱，不浪费。但我心里还是有些不适应，因为国内家庭请客，比他们这里丰盛多了，主人会剩下不少食物，才感觉没有亏待客人，而这里却相当随意简单。当然我知道，这与国情和人们的生活观念有很大的关系。

后来美国的糕点吃多了，我发现美国的糕点文化是甜死人不偿命。和商店里卖的糕点相比，德林女士的糕点做得还不算太甜，但对我来讲，已经足够了，碍于德林女士的热情，我只好把南瓜派全都吃完了，因为我担心剩下德林女士会伤心的。但是德林女士的几个朋友，已经开始对这个南瓜派赞不绝口了。在她们的嘴里，这就是世界上举世无双的美味了。

美国人喜欢用麦片、巧克力、椰子、坚果、葡萄干等制曲奇饼，更可以用曲奇模具切成好玩的形状，过圣诞节就切成雪花等形状，过万圣节就切成南瓜、黑猫等形状，创意无限，而且做起来也相当简单，就是要一次性做很多，还可作为送礼佳品。

虽然德林女士的聚餐很简单，点心不多，但大家玩得很开心，看着我们把她烘焙的点心吃完了，德林女士很开心。她得意扬扬地向我们介绍她的烤制过程，回到家里后，我决定亲自烤出适合自己口味的南瓜派。

于是，我按照德林女士的配方，按照个人的口味，加以改良，洋为中用，做出了适合东方口味的南瓜派。个人感觉很不错，我的心得中最重要的一点就是少放糖、少放奶油。

美国的南瓜味道不错，经过半天的劳作，我加工出来的南瓜派味道还可以，我想好好练习几次，到时候也邀请德林女士一起品尝我烤制的南瓜派。

第 21 章

美国街头小摊和快餐店里的美食——华盛顿的街头小吃

中国的各个城市都有小摊，很多城市还有独特风景的小吃一条街。在这些小吃街上都摆着各地的美食，比如说济南的羊肉串一条街、长沙的臭豆腐一条街……

虽然很多美食街的卫生状况非常一般，甚至很差，但人气极高。人们经不起美食的诱惑，一边骂着街头小摊糟糕的卫生状况，一边又喊着"不干不净，吃了没病"。本着只要不会有生命危险就没有关系的原则，奋不顾身地大吃特吃起来。

民以食为天，在中国这样，到了美国依旧如此。在美国的大都市里观光旅游，会发现到处都是快餐店，除了供应汉堡包、烤牛肉、牛排、三明治、油炸土豆片、烘馅饼、冰激凌以及各种碳酸饮料的麦当劳快餐连锁店、肯德基快餐连锁店之外，街头上还有随处可见的街头小摊。这些不同城市的街头小摊所提供的小吃也具有各个城市的特点。美国城市的那些有正规执照的街头小摊，由于市政的管理严格，卫生状况还是不错的。

我们去华盛顿旅游的时候，选择了自驾。在美国，由于汽油相对来说比较便宜，所以自驾出游，是很多人的选择，况且开着车到外地，随身携带着各种东西，非常方便。不过自驾到华盛顿也会有很多麻烦事，我们第一次去华盛顿的时候，由于人生地不熟的，所以停车是个烦心事，我们转了很长时间，焦急地寻找停车位，但却很无奈，因为所有的停车位已经停得满满的，根本没有任何地方可以停车。美国人的驾车技术一流，我看见很多车之间的距离非常接近，两个车之间紧密地贴在一起，几乎连个针也插不进去。很多车就在马上要撞在一起的时候，才停下来，所有的停车位都是车。

我们只好很无奈地一圈圈地围着主要街道转悠，却没有发现空的停车位。也不知道绕了多少圈后，终于发现一个车正准备开动，我们兴奋极了，真是功夫不负有心人啊。赶紧紧盯着车位，开心地看着那辆车开走，顺利地把车停到车位上去。回头看见有几辆车无可奈何地开走了，好危险啊，要是动作稍微慢一点的话，就没有位置了。安顿好汽车，就带着孩子，背起背包，开始了向往已久的华盛顿之游。

华盛顿的建筑物都不算高，但其中有很多举世闻名。我们拿着地图，开始按照定好的计划旅行：华盛顿纪念碑、林肯纪念碑、美国国家历史博物馆、自然历史博物馆、白宫、国际间谍博物馆、美国航空航天博物馆、美国植物园、美国国会大厦、美国国家美术馆。这些建筑传达了从天文地理到帝王将相的很多知识，我想着孩子参观了这些有趣的建筑物之后，肯定会有很大的收获。

但我发现，孩子最感兴趣的并不是这些景色，而是街头上的那些味美可口的小吃，在美国的首都华盛顿，街头有很多五花八门的小吃摊。

华盛顿的小吃摊数目真的不少，在白宫附近，在各个交通要道旁边，随处可见排列整齐的厢式车，支开一边的车厢，然后再撑起一个遮阳板，就成了一个流动的小商店，这里有卖各种食物的，也有卖咖啡、饮料、面包还有各种汉堡、热狗的。

没有想到，美国的首都也不过如此，到处都是卖小吃的小摊位，真是民以食为天，走到哪里都一样。这些小摊的生意都不错，因为美国人都长得牛高马大，胃口奇好，特别能吃。而且很爱自己，也不会亏待自己，所以，在吃上，美国人是很舍得花钱的。他们每次都买很多东西，汉堡、热狗、饮料的量，都是咱们的两到三倍，然后坐在小吃摊旁边的椅子上大吃大喝起来。看着美国人吃饭，真是一种享受，口味很一般的食品，他们却吃得如此香甜，真是佩服他们的好胃口。

小摊上准备的食物品种不多，但是数量却不少，孩子在香喷喷的热狗前面就拔不动腿了，华盛顿的热狗价位不贵，不过就是几美元，也就是面包加上个火腿而已，不过，这里的街头热狗表面上涂了一层玉米糖浆，后面插根棍子，刚刚出锅的热狗，香喷喷地摆在那里很诱人。孩子很难抗拒它的诱惑，非要买一个吃，我只好掏腰包付账，没有想到他一转身又看见有牛堡，这个牛堡，个头很大，里面加的料分量也很足，牛肉饼很厚。

孩子紧盯着牛堡，知子莫如母，我知道他心里怎么想的。果然，他拉着我的手直奔牛堡走过去，我只有掏钱的份儿。买了以后，他还不罢休，非得再要饮料，坐在小摊旁边的桌子上边吃边喝起来。看着孩子吃得如此香甜，我感觉肚子也有些饿了，于是，便照样也买了一份，品尝一下味道还不错，感觉卫生情况很放心，因为以美国人管理的严格和他们的智商水平，他们是造不出地沟油来的。

在国内的时候，我感觉街头小摊不卫生，很少在那里吃饭，没有想到，到了华盛顿也跑到小摊上吃开饭了，而且一发不可收拾，从那次后，我经常在美国小摊上买零食了。因为我发现美国小摊的卫生情况不错。我曾经在美国饮食界有过工作经历，知道美国的法律非常严格，我相信，即使对街头的摊位也有很多严格的卫生规定，所以我对美国人经营的饮食卫生比较放心，所以后来我每到一个城市旅游，都会在街头小摊上买一些当地特色的食物吃。

在华盛顿，除了规模比较大的摊位以外，还有不少规模很小的。我看见一个卖冷饮的摊位非常另类，因为两个黑人一边唱歌跳舞，一边卖冷饮，旁边摆着一个小小的冷饮箱子，他们似乎并不专心做生意，抱着很随意的态度，真不敢想象，靠着这么个小箱子的冷饮，能够养活这两个彪形大汉？我猜

当地供应的典型热狗。

华盛顿最著名的维尔拉德餐馆，兼具美国与欧洲风味。

想，这里肯定不会有什么高档的冷饮。在华盛顿，我发现街头小吃的主人很多都是有色人种，美国本土的白人似乎并不太多，不要小看这些街头小吃，我和其中几个街头小贩闲聊，发现他们的收入都很不错，这些摊主靠着街头小吃挣钱，日子一个个过得挺滋润，最起码衣食无忧，能够温饱度日。

当然在街头小摊上和快餐店吃饭，只是为暂时填饱肚子，也可以节省开支。虽然这些地方环境很不错，食物也并不难吃，但是营养却不均衡。偶尔换个口味还可以，但不能当成正餐去吃，要是想吃正餐，还是到那些有特色的饭店最好。

华盛顿算是有着高品质餐饮业的城市，高档的餐厅特别是高级宾馆里的餐厅，食物和服务都非常好，但价格较贵。除此之外，华盛顿还有一些异国风味的餐厅，意大利餐厅和法国餐厅是其中比较高档的，所以价格不菲。

比较有名的是白宫饭店，餐馆规模不大，但气氛却是法国式的浪漫优雅。午餐每人25美元左右，晚餐为50美元左右。

在华盛顿，我吃过一家牛排店，这里的价格不算贵，牛排一份25美元。内部装修为传统与现代的统一。服务热情、亲切，据说有很多名流都到此聚餐。

在华盛顿还有一些南非和中东风味的餐厅，在那里可以吃到味道浓烈的蘸食辣肉，还有各种咖喱风味的食品，不过，我对印度和孟加拉国等国家人们的吃饭习惯接受不了，因为他们不用餐具，而是直接用手抓饭，就跟原始人差不多。我和他们吃了几次饭后，食欲就没有了，虽然他们的食物味道还说得过去，但是我接受不了他们的饮食习惯。

与华盛顿特区交界的贝斯达拉有一个大规模的餐厅城，主要有墨西哥、西班牙及拉丁美洲风味的餐厅，在这里，可以品尝到口味纯正的蔬菜冷汤、土豆片沙拉。

在华盛顿西北部的中国城，主要是由中国餐厅及其他亚洲餐厅组成，在这里，可以吃到越南菜、印尼菜和泰国菜。我感觉这里的饮食，是华盛顿所有饮食中最符合我的口味的。比较有名的是China Café店，风格类似于中国的盒饭，分量很足，价格低廉，味道鲜美，非常合算。此外，华盛顿还有海鲜产品的集中地，这里有不少海鲜大排档，因为它的附近是北美最大、最新鲜的海鲜市场，所以华盛顿的海鲜远近闻名。这里中餐的水饺及海鲜炒面味道非常好。

第22章
美国街头小摊和快餐店里的美食——纽约的街头小吃

在纽约，从尊贵的法式大餐到街头的烤肉三明治，应有尽有，所以在纽约吃饭是种令人愉悦的享受，因为不同阶层，都能找到适合自己的餐饮。有人说纽约是文化和饮食的大熔炉，此话不假。

给我印象最深的还属纽约的街头小吃摊。在美国最繁华的第五大街附近这类的小吃摊很多，这些商贩与美国现代化的高楼相互辉映，和谐共存。在纽约待的时间长了，我发现这里的小吃和这个城市的文化、种族一样丰富多彩。在纽约的街头上行走，看见这些街头小摊，我仿佛又回到了国内，小摊的外表和国内都很相似，区别就是食物和摊主的肤色。

纽约的街头小摊上有热狗摊、汉堡包摊，还有卖硬面包圈和薄饼卷的小摊，这些小摊食物看起来很不错，价格稍微有些贵，几美元一个，仔细一想也难怪，毕竟是纽约最繁华的大街上，价位稍微高点也可以理解，因为他们还要交税。我试着给他们讲价，希望他们稍微便宜一些，但是摊主根本不答应，就是一口价，没有任何可以商量的余地，要就掏钱，不要就请走人，随便，最终我按照原价买了几个热狗大吃起来。

有人说如果没有到过纽约，就不会体味到这种正宗热狗的美味。热狗是美国饮食文化的一个代表，从某种意义上说，也是纽约街头小摊食物的一个代表。因为纽约街头巷尾热狗的身影随处可见，风情无限。逛街逛累了，路过街头小摊买一个热狗感觉非常温馨。有人说从美国总统到平头百姓，都有热狗情结。

纽约的食物，品种繁多，叫人眼花缭乱。在周末的时候，纽约的曼哈顿经常会封起一条街作为集市，集市上摆满各国小吃及特色物品。如果你是一个非常精致而又讲究的人，你大可不必过来，因为这里的很多小吃似乎比较粗糙，未必适合你精细的口味。但如果你是一个不拘小节而又喜欢有特色美食的人，这里或许是你的天堂。

我发现这些街头小吃，有很多和国内小摊上的东西相似度很高，不同的只是味道更加适合美国人的口味，食物的分量更大，更适合美国人的大食量。

其中有一种食品给我留下了很深的印象，这种食物的外形非常像北京街头的冰糖葫芦。它是在青苹果外面裹上糖汁，吃的时候用水果刀切成几片放到嘴里，味道又酸又甜，叫人回味无穷。这种食物还可以沾上巧克力汁，做成巧克力苹果，外面再加上各种彩色糖粒，样子非常可爱，但是由于美国人对甜食的特殊爱好，这个食物做得过于甜，叫人有些接受不了。在这个为美国人量身定做的苹果串身上，我们可以充分感受到美国那种甜死人不偿命的饮食文化。

美国的这些街头美食大家们，不但把苹果穿成串，还把巧克力穿成串，把奶油穿成串，把草莓穿成串，把很多能穿成串的东西都串成串。看着这些由美国人独创的食品，我突然想起了比萨的来历，据说当年意大利著名旅行家马可·波罗在中国旅行时最喜欢吃北方流行的葱油馅饼。回到意大利后他一直想能够再次品尝，但却不会烤制。一个星期天，他同朋友们在家中聚会，其中一位是厨师，马可·波罗灵机一动，把厨师叫到身边，告诉他在中国北方吃到过的香葱馅饼。结果那位厨师按照想象，却做出了比萨饼。

莫非这些美国的各种串的原型就是中国的冰糖葫芦串？我经常会这样想象，一个美国人在北京街头吃了冰糖葫芦后，非常喜欢，回到美国后，一直对此难以忘怀。最后他根据想象，进行改良，最终变成了所谓的苹果串、奶油串、草莓串、巧克力串。

除了各种串之外，纽约的街头小摊上最值得一提的是街头的烤肉摊。这是用专门烤肉的炭烤成的，有辣的和不辣的两种肉串。这些烤肉多以牛肉、鸡肉为主。看惯了国内的烤肉串，再看这里的烤肉串，感觉分量真足。每串

纽约人挚爱的超大比萨饼。

烤肉的个头都是国内烤串的好几倍。这与美国人的超级大胃有关,美国人个子高,胃口大,他们当中的很多人都长着大肚子,走起路来像个小山在移动。

意大利风味热狗,吃的时候将一段肠、肉串上的肉、蔬菜、调味汁夹入一条面包中,做成像热狗一样的东西,这种食物在纽约街头非常受欢迎。

纽约的街头小吃摊上还有烤玉米,美国玉米的口味与国内玉米的口味差别很大,美国玉米里面的水分非常大,我吃了几次煮熟的玉米,感觉就像吃水果一样甜滋滋的。所以美国的烤玉米很受欢迎,美国烤玉米与国内街头的烤玉米的不同之处是,吃的时候要加上一些奶油或带有辣味的酱汁。我感觉加上一些酱汁,味道会变得更加有特色。

在美国有一种食物,我不知道怎么称呼好,先暂且叫它美国的水果煎饼吧。这个煎饼与国内的煎饼绝对是近亲,因为用的锅和国内做煎饼果子用的锅几乎是一样的,添加的面糊也差不多,只是摊成饼后,放置其中的酱不太一样,国内一般加的是带有咸味的酱,而这里加的竟然是巧克力酱。然后再放上草莓或者是香蕉,最后厨师把水果包起来,在煎饼的外面再浇上一些巧克力汁,买了一个尝尝,味道还不错。不知道这个是不是从国内的煎饼果子

一份纽约风格的烤肉。

演化过来的食物，这种煎饼又甜又香，配合着土豆块、鸡蛋、牛肉、吐司，组合在一起去吃，非常可口。

在美国的街头小摊，还可以吃到肉夹馍，饼里加一些烤肉、青菜末这些，和国内的肉夹馍很相似，不同的是再加一些辣汁及奶油汁。

燕麦卷饼、燕麦薄饼里面卷入丰富的鸡肉或牛肉、生菜、洋葱、西红柿等，浇上各种酱汁和奶酪，味道很浓郁。还有一种类似的墨西哥的卷饼，是玉米面饼加奶酪做成的，有的里面放上很多辣椒酱汁。

纽约的食物，正如这个城市的文化、种族一样富有魅力，难怪美国人对这些物美价廉的街头小吃情有独钟，百吃不厌。

除了街头随处可见的小摊，还有很多随处可见的快餐店，这些小店的面积不大，价格不高，在里面吃快餐，还可以有个坐的位置，边吃边喝点什么，感觉很不错。

如果想吃渍菜、面食或意大利香肠，可以到具有意大利风味的餐厅。如果想吃东方菜系，可以到日本料理店尝尝寿司和生鱼片的滋味，据说和日本当地一样美味。要是想吃传统犹太食物，比如说五香牛肉、薄饼卷、犹太圈饼，可以去犹太人的小店。要是想吃印度口味的饮食，可以很容易地吃到辛辣的咖喱饭。除此之外，牛排馆肥美的牛排、新鲜的海鲜和别致的甜点以及随处可见的比萨店，都是不错的选择。

纽约城里随处可见比萨店，曼哈顿和布鲁克林的比萨店更是比比皆是，可见其受欢迎程度之广。一个比萨平均售价1.5美元，最近纽约的比萨店又大打价格战，更加便宜，纽约的"比萨"最大的特色是薄。比萨在中国的知名度很高，中国很多西餐厅都可以见到。比萨也是美国人日常小吃之一，用料很足，在中间加上朝鲜蓟心，口味很不错。

焙果味道很好。焙果的做法是先煮后烘两道工序，关键是水的甜度，掌握在最佳火候上。焙果也很廉价，街头巷尾随处可见。一般当地人买焙果时会说："焙果要加层厚奶油奶酪。"有人还要些切得薄薄的熏鲑鱼就着一起吃。

犹太圈饼，做工很细致，这种犹太面包最适合配着鲑鱼、奶油奶酪一起吃。吃起来，口感相当好。

寿司原本是日本的特色美食，这种新鲜生鱼和米饭的寿司在纽约也非常受欢迎，做法很多样，现在寿司来到了纽约，摇身一变，成了纽约街头知名的小吃。

这里有一种面包的口味是黑麦面包，里面是牛肉组成的，配上一点小菜，吃起来别具一番口味。腌牛肉黑麦面包，黑麦面包夹着腌牛肉，再配上芥末和腌过的小黄瓜。外带的牛肉汉堡加薯条，往往还会搭配沙拉和洋葱圈。

这里还有一种饼，上面会配有一些新鲜的水果，蘸上点配料很爽口的。这里还有一个小点心很出名，也很好吃，有点像国内的甜甜圈，也同样是一个色香味俱全的美食，我在纽约旅行时，吃了不少这样的饼。

"要是在纽约开个饭店，即使是小饭店，也需要不小的投资"，我的导游陈先生告诉我。陈先生本人是个传奇，在国内，他是一所医院的医生，到了美国后，没有考取医师执照，便开始经商。据他自己说，当年生意最旺的时候，他有一个规模很大的贸易公司，但由于经济危机，手头上的流动资金运作不顺利，于是他便申请破产了，现在沦落到了纽约街头，成了一个出租车司机兼导游。我到纽约办事，通过一个朋友介绍，他做了我的导游兼司机。陈先生在法拉盛住了20多年，已经完全融入了当地，算是个纽约通了。自称是纽约客，他说自己是客居纽约，即使住了这么长时间，始终感觉像个客人一般。

陈先生见多识广，阅历丰富，很多问题，他看得都非常深刻，我对他很佩服。

"要是在街头有个小摊的话，成本就会降下来吧？"我问道。

"不要小看这些小摊位，他们都是有关系的人，能够拿到合法的执照，才有资格摆摊，一般的人很难拿到这些执照。"

"是吗？在美国摆小摊这么难？"

一位纽约厨师正在烹制诱人的烤肉。　　豪放的黑人厨师正在露天烤肉。◎ 赵涵／摄

　　"是啊，我也想申请执照，但由于难度很大，所以最终放弃了。"

　　"你也想做小摊主？"我心里想，真是世事弄人，放着国内好好的医生不做，却偏偏跑到美国街头想摆小摊，就连这个小小的愿望也实现不了。

　　"你知道吗？这些街头小吃的收入非常可观，要知道，这里可是黄金地段，人流量非常大，到处都是世界各地的人，所以他们的食物根本不愁卖不出去。即使是一般的食物，价格也不便宜"，陈先生说道。

　　"原来是这样。"看来都是金钱惹的祸。

　　"在这里，只要能够确保摊位的卫生情况，并缴纳每季度的执照费就可以了，如果这些小贩的收入达不到政府规定的最低标准，政府还会给他们减免税收。"在陈先生的眼里，这些小贩过得还不错。

　　虽然，街头小吃不错，但是由于没有可以坐的地方，只能边走边吃，很不舒服，况且价位也不便宜。所以，在大城市旅游，我还是喜欢找一些不错的饭店吃饭。

　　尤其到了纽约，街头上可供选择的饭店很多，有豪华饭店，也有一般的快餐店。

这里快餐店很多，除了国内也能看到的肯德基、麦当劳、Burger King、Subway，还有很多美国本地汉堡快餐店，更有星罗棋布的星巴克快餐店。

在美国的所有快餐店中，值得一说的是星巴克店，星巴克在国内是品位的象征，到这里吃点什么、喝点什么是一件很有派头的事，是小资生活的发源地。约会一个有涵养的朋友，去饭店吃饭有些俗，去咖啡店有些老土，但是去星巴克却很高雅，因为星巴克在国内似乎是一种高雅生活的象征，有着海外的品位和情调。

可是，在美国本土，星巴克只不过是很一般的地方，比街头小摊略微强一些。星巴克24小时便利店的数量很多，就连黑人区小巷里都有星巴克，外面看起来有些灰暗，很不舒服，非常适合贫民去吃，也很适合黑人去吃。要知道，美国黑人区的社会治安很不好，经常有各种各样的社会问题。在我所接触的黑人中，两极分化严重，在美国，有像奥巴马和他夫人那种名校毕业的黑人精英，他们有着良好的教育背景和个人修养。还有一些黑人虽然没有接受过那么高水平的教育，但是他们依旧善良、友好，有着不错的礼貌。但是也有不少黑人又懒又馋，素质很低，整天酗酒度日，靠乞讨为生，而且他们在乞讨的时候，都是非常理直气壮。

我就遇见过几次，记得在纽约地铁站上，一个黑人走过来微笑着对我说："请给我两美元。"

"为什么？"我一时没有反应过来。

"因为我没有钱坐地铁"，那个黑人说道。

"原来是这样。"好在他要的钱数不多，只有两美元，于是，我便给了他。但是我却没有想到黑人向别人要钱，竟然这样坦坦荡荡，就好比只是一件最平常不过的事。就连坐地铁的钱都不够，可见这样的黑人能去一些什么样的店吃饭了，黑人区的星巴克正好满足了这些黑人兄弟的果腹需求。

当然也有高档一些的星巴克，比如说那些星级酒店里的星巴克还不错，但是与酒店的豪华气派相比，星巴克店也很寒酸。几张小桌子，几把小椅子，在玻璃窗前放一排小椅子，就是全部了，与国内的星巴克店相比，真是天壤之别。唯独这里的咖啡味道不错，因为美国是咖啡的国度，咖啡很正宗，但是其他的食物就很一般，比如说三明治，量很足，不知道美国人能不能吃饱，但是对我来讲，吃上一个足够了，虽然味道不错，但却没有任何特色，和美国其他任何店里的三明治都一样。

星巴克快餐店在美国的地位很一般，是最普通不过的一个快餐连锁店，但是它漂洋过海，来到其他国家以后，摇身一变，就成了有钱人与小资们高雅的聚会场所，这也算是一种有趣的差异吧。

第23章
在纽约的唐人街做个快乐的吃货

在美国工作，经常在外吃便当，每天吃着美国的饮食，开始感觉不错，但时间长了，总是有些单调。有一天突然顿悟，发现了一个真理，美国的饮食再好，但中餐依旧必不可少。要是能吃一次地道的中餐，对漂泊在外的胃和心灵，将是再好不过的滋润。

纽约法拉盛林立的中餐馆。

尤其是初到美国，要面对着来自工作生活环境的巨大变化心理压力可想而知。但忙中偷闲，从繁忙的生活中走出来，品尝美食，尤其是品尝有着家乡味道的美食，就仿佛回到了家乡，可以暂时摆脱压力。

这个时候，我会想起纽约这座世界上最繁华的都市，当然不是想起这里最繁华的高楼，而是想起纽约的饮食。

这里有着美国最大的唐人街，在这个华人集中的社区里，可以找到熟悉的味道。这里是华人美食的天堂，是北美中餐的美食胜地，这里的美食既便宜又好吃。每当累了、倦了，而这时候又可以找到合适的假期，那就更妙了，可以利用假期的时间，驾车去纽约，品尝唐人街的小吃。再买回一车一般美国超市没有的，或者价位昂贵的中国调料（而在华人超市价格绝对低廉），还有那些具有华人特色的食品带回家。这样，在相当一段时间内，就可以经常吃到正宗的中国饭了。

美国中华美食的探索之旅是激动人心的，来到纽约的法拉盛，就像回到

感觉就像是身处国内某地。

了国内的某个小县城，满眼都是中华美食。这里的华人商人，来自国内各个地区，有南方人、北方人，所以，这里的美食便集南方与北方商人之大成。我突然想起一个故事，有个不求上进的小留学生，到了美国之后，没有学好英语，但由于同学都是来自于国内天南地北的，于是国内各个地方的方言倒是学会了不少。从某种意义上说，美食和方言倒是密切相关，听到某种方言，或许就会闻到某种地方菜的味道。

国内的许多店家喜欢把店名取得有洋味，法拉盛的中国餐馆却完全不同。这里华人社区里的中餐馆，商店的店名都有浓郁的中国特色，比如说"同仁堂"、"钱柜歌厅"等。商铺的招牌也喜欢用红色、黄色等醒目的颜色来装扮，看起来相当土气。在这里待得越久，越感觉这里是个土气的国内小城市，整个城市的面貌也就停留在国内20世纪90年代末，或者说就是一个小县城更加合适，充满了某种浓郁的乡土气息。

法拉盛是中国人群聚的地方，最少不了的当然就是中餐馆。十多年前，法拉盛还有美国餐馆、意大利餐馆、韩国餐馆，这些餐馆也曾与中餐馆平分秋色。不过，现在这个格局已经打破了，如今的法拉盛，几乎被中餐馆一统天下了。很难再看见所谓的美国餐馆和意大利餐馆、韩国餐馆，中餐馆横扫了整个法拉盛。

这里的餐馆完全是中国元素，我在法拉盛吃过广东菜、四川菜、湖南菜、台湾菜、福州菜、东北菜、四川菜，当然，这里也有清真菜。

最妙的是，这里不像纽约其他地区那样只过圣诞节。在美国人居住的地区，由于忙于生计，城市里也没有过节的气氛，所以经常会忘记过春节，而这里就不同了，华人们对中国的春节过得非常投入，还在指定的地点燃放鞭炮，完全是国内中小城市的欢乐气氛。在这里过节，和在国内有一样的气氛。在这里生活的华人们抱团而聚，虽然面对着不小的生活压力，但是有不少人也过得很踏实。

纽约的唐人街就是个城中城，饮食集国内饮食的南北之大全。带上足够的钱、足够的心情、足够的胃口，再找到足够的时间，就可以到纽约的唐人街上做一个开心快乐的吃货。到纽约的唐人街吃饭，非常不错，因为这里是华人的天下，这里有国内各个菜系的食品，什么北京口味儿的猪肉大葱包子、烙饼、炸酱面，还有东北口味的小鸡炖蘑菇，四川口味的麻辣烫，吃上一顿，感觉不错。在这里不但有高档的中餐馆，更有中低档的华人饭店，无论是什么档次的，价格绝对便宜。

来到唐人街，绝对会使人感到不虚此行。纽约唐人街的街边到处都是卖水果、奶茶、茶叶蛋、粽子的，还有卖盒饭的。这里四菜一汤的盒饭最多才五美元，荤素凉菜，又有木耳又有猪耳朵，还有很多口味不错的青菜，分量足、味道好，真是物美价廉，性价比绝对很高，在国内都找不到这样便宜的好东西。

想想我所居住的城市，虽然与纽约市的距离不远，可是中餐的价格却很贵，一份最普通不过的鸡蛋炒米饭，就五美元。而在这里五美元就能够吃到如此丰盛的饭菜，真是不可思议。在美国，除了纽约的唐人街之外，很难想象，在其他的地方如此规格的食物会有如此低廉的价位。

这里的早餐店和国内任何一家早餐店并没有区别，尤其是早上。你无论多早从床上爬起来，只要走到路边的早餐店，随处可以见到油条、豆浆、煎饼果子，还有各种粥、烧卖、羊肉包子、韭菜包子、肉夹馍、馄饨、饺子、韭菜合子、豆浆、豆腐脑、葱油饼、芝麻烧饼、驴肉火烧，这些食物的价格很低廉。

即使你的经济条件一般，也完全可以放开肚子吃，住在这里，乡愁会变淡、变轻许多。这是美国国土上的特殊区域，和国内的生活区别不大。住在这里，感觉就像在国内的某个城市出差一样。很多小吃在国内都难以凑到一起。北方的城市，早上起来似乎只有油条、大饼几类有限的早餐。而在美国的纽约，这些来自国内南方北方的食物就能凑到一起，叫人感到美国纽约唐人街的早餐绝对是中国南北方早餐的大集合。这里早餐的种类比国内还丰富，品种还多，虽然有些食物的味道有了变化，但是绝大多数还是很地道的。

到了中午晚上，这里的美食更多、更全。在黄金商场地下美食街，能找到很多的风味小吃，比如西北大盘鸡、孜然羊肉、油泼扯面、西安凉皮、山西凉皮、肉夹馍、羊肉泡馍、扯面，还有麻辣烫、兰州拉面、山东大饼、羊肉烩面、成都小吃、温州小吃、河南小吃、天津包子、烧鸡铺子、铁板鱿鱼、炸酱面等。

新世界美食广场也有小吃，其中有麻辣香锅、开口锅贴儿、工夫茶、刀削面、香巴拉、嘎嘎叫、云南过桥米线、延边风味大冷面、砂锅。

法拉盛的川菜店里可以吃到夫妻肺片、水煮牛肉、豆腐烧鱼、成都凉粉、二姐兔丁、香辣鸭唇、蒜泥白肉、豆瓣鱼、口水鸡、香辣回锅肉、鱼香肉丝、宫保鸡丁、担担面。

最妙的是四川火锅，给顾客上两大盘搭配好分量的巨大菜，有肉、菜、虾、蟹肉、金针菇、鱼饺、鱼蛋、牛百叶、木耳、豆腐、豆皮、粉丝等，真是物美价廉，物有所值。

纽约唐人街店铺中悬挂的现烤广州烧鹅。

在法拉盛还可以吃到牛肉面、牛肉包饼，非常地道。在这里也可以吃到各种包子，这里的小笼包、生煎包便宜又正宗，其中的蟹粉小笼包，多汁鲜美。顾客现点现做，大约得等上10分钟的时间。这里的包子玲珑剔透薄如蝉翼，咬上一口，鲜汁尽溢，黄黄的蟹粉叫人爱不释手。

曼哈顿的唐人街，大部分都是福建人、广东人，那里的饭店似乎家家都是一个味。这些店一般都主营粥粉面、家常小菜。这里的叉烧非常受欢迎，不少住在周围的人都买很多回去。粥的品种更多，顾客可以买到花胶海参粥、艇仔粥、及第粥、瑶柱白果粥，除了粥还有芝麻糊、杏仁糊、双皮奶。纽约唐人街到处都是小饭店，按照国内的时尚来讲，这些店名起得非常土气，潮坊、盛津、朱记锅贴，等等。有些饭店的门脸不大，但是门口的顾客很多，应了那句古话——酒香不怕巷子深。很多不错的饭店都人满为患，老顾客吃完以后，又会介绍更多的新顾客来到这里。

除了国内经常见到的美食，还有很多在国内同样价格买不到的食物，美国的海鲜资源非常丰富，曼哈顿唐人街上海鲜的品种非常多，量足价低，金

中英文双语的菜单面板。

枪鱼、虾仁，还有贝类海鲜，做成美食，以国内想象不到的价位出售。

很多在国内只有富有的人才能吃到的海鲜，在这里只不过是平民的消费，这里的海鲜餐馆有一种糯米饭蒸海蟹特别好吃，30美元一只的温哥华大海蟹，个头超大，做成一份够两个人美美饱餐一顿的糯米饭蒸海蟹。

在所有美食中，不少中式美食很有特色，就餐者中除了中国人的身影外，还有很多美国人的身影，忙的时候，美国人都排着队等着就餐，"西安名吃"就是其中的一家。

西安名吃最早是纽约皇后区法拉盛地下小吃城的一个小吃店，最初的小摊档是由来自西安的石姓师傅所开办的，后来因为他家的凉皮实在太出名，人们就叫他"老凉"。老凉的儿子在圣路易斯的华盛顿大学接受过高等教育，大学毕业后，也和老爸共同经营，将分店越开越多。

如今这个2005年开的小店已经发展到四家，在第五和第六大道之间也有一家。虽然都是巴掌大小的店面，但经常爆满，在纽约有了一定的名气，所以他们计划开更多分店。

父亲自称"凉皮"，他的祖父曾开过专卖街头小吃类食品的饭馆。儿子是"小凉"，西安名吃秘制混合香料和酱汁的配方也由父子俩妥善保管，这个配方是西安名吃不可或缺的一部分。

西安名吃所卖的都是便宜的街头食品，一个孜然羊肉夹馍卖三美元，一盘凉皮不到五美元，这些小吃不仅吸引了四面八方的食客，甚至还登上了美国人的美食电视节目。

西安以偏辣的食物和街头小吃出名，到西安名吃光顾的人大多是冲其手工扯面而来。主人说，扯面好吃的真正秘密其实是他们的混合香料和独门酱汁，这种酱汁是用他们的家庭配方以二三十种不同香草料混合而成。"老凉"说，这是产品的核心。除了凉皮以外，主打食品还有"中国burger"（肉夹馍）。

西安名吃从一间简陋的大排档在短短几年间，扩展到了美国众多地区，并受到了多家美国主流媒体的高度赞赏。将中国的名吃、小吃美食，以快餐、连锁店的形式在美国迅速发展起来，西安名吃算是经营运作非常成功的一家。他们不仅保留了传统中国美食的精髓，而且能迅速找到美国主流社会的市场定位。在口味、店铺装饰上非常讲究，在宣传上走出了中餐"酒香不怕巷子深"的传统思维，各种销售手段都让美国食客更加容易理解和接受。

由于西安名吃物美价廉，比较符合大众的消费，所以我也顺便去吃了一次，只不过，这家店面非常小，也不明显，用巴掌店来形容一点儿也不为过。就餐环境别具特色，由于店小，所以店的每一处空间都充分利用，店面的墙上到处都画有五颜六色的菜单，图文并茂的菜单上每个菜都有编号，店里的墙上装饰着兵马俑的照片。店内只有几个饭桌，没有服务员。只有精明能干的老板一个人既收款又做饭。食品都是自己取。里面有很多美国人在就餐，他们很喜欢这里的口味。

说句实话，纽约真是吃货的天堂，尤其是纽约的唐人街，更是华人吃货的天堂，当然有时也会有不愉快的事情发生。

记得第一次在法拉盛吃饭，是我刚到美国不久，那个时候，我还没有从国内的物价中回复过来，买所有东西的时候，都要把国内的物价乘以七。那段时间，我经济状况不好，人也过得很狼狈。

虽然经济紧张，日子也过得很狼狈，但是对美食的向往不但没有随着经济的紧张而减少，反而随着经济的紧张而越发强烈了。真是人穷志短，手里越是钱少，嘴就越馋。

于是，便到法拉盛的一家很不错的饭店吃饭，点了很多家常菜。饭店里的客人很多，没有人出来给我们端菜倒水，我们只好亲自动手。

正在忙活的时候，突然跑来一个有些秃顶的中年人。他从我手里拿过茶水壶："您是我的上帝，上帝是不能倒水的，我来干吧。"

"我实在太渴了，看见你很忙，自己倒点水也没有关系。"

"不用、不用，你只管坐在这里吃饭，剩下的事，一切都由我来。"

说完，他立刻给我倒上水，其实，我从一进门就看见他了。这么大的饭店，很多顾客，但只有很少的服务员，而且还都是中年人服务员，却要干这么多的活，不把人累死才怪。

这个中年服务员长得文质彬彬，像个读书人的样子，说话有些北京人的味道，他的气质不错，身上还透露出一种文化的底蕴，根本不像长期混在饭店的人，不知道他以前有过什么样的传奇故事，暂时落魄到此，想必是要混上一笔钱后，再去寻找新的出路。

这么多客人一会儿这事，一会儿那事地支使着他，他浑身大汗跑前跑后地忙活，根本照顾不过来。看来华人老板非常吝啬，用起人来，一定要把人的全部力气都给榨干净。不但把员工的肉榨干净，还要把员工的骨头都吃掉。吃人不吐骨头，用在这里非常恰当。华人老板生怕叫员工多休息一会儿，好像员工多休息一会儿，自己便吃了多大的亏一般。

不过转念又一想，老板的钱也来之不易，说不定老板当年也是赤手空拳单枪匹马来到美国，千辛万苦，东借西凑，拉了一身债，才开起这个小店。要是不努力干的话，说不定连本都回不来，所以用人狠也难免。现在是一个愿打，一个愿挨，两相情愿。

况且如果老板再多雇用几个人，那么虽然忙的时候，这些新人可以帮他的忙，但从另外一方面看，这些新人也会抢他的饭碗，还会巴结老板，到了餐厅淡季裁人的时候，平白无故地多一些竞争对手。所以，即使人手少，他马马虎虎的还是能够应付过来的。

由于就餐的顾客非常多，我也不指望他做什么服务，喝完一杯水后，还是自己倒水。

虽然这里的服务一般，菜上得很慢，服务员满头大汗，忙得连头都不抬，更不要说对顾客笑笑了，但是饭菜还可以，吃起来感觉味道还不错。饭后，我们便走了出去，刚刚走到门口，就看见一个女的，气急败坏地从里面跑了出来。

"回来，回来！你还没有给小费。"那个女人双手叉腰，眼冒凶光，恶狠狠地说道。

"什么意思？"我想，你并没有为我们服务，凭什么给你小费。那个时候，由于刚到美国，我还不知道在饭店就餐后该给小费。况且为我上菜的是那个男服务员，要是给小费，也得给那个男服务员，你跳出来要小费简直毫无道理。吃饭的时候，根本没有为我提供一点儿服务，要小费的时候，却这样一马当先，奋不顾身？

"就是应该给，而且你必须给我百分之十的小费"，她大声地说道，就像泼妇一般，看着她这个阵势，我刚才吃饭的愉快情绪全被一扫而光。虽然我心里很不舒服，也只好花钱消灾，掏出钱给她后，扭头就走，真不愿意看她第二眼。

后来，我渐渐地知道，在美国饭店吃饭需要给小费，很多饭店老板为了降低成本，只给服务员很少的工资，剩下的工资都要靠服务员的小费收入来补足。

但是想起那次所付的小费依旧是心不甘情不愿，因为她没有为我服务。况且，我初来乍到，即使她索要小费，态度也应该客气一些，叫人掏钱也口服心服。而我当时的感觉，她大呼小叫的样子就像在抓小偷，或者是要挑起一场群架。和美国饭店彬彬有礼的服务员相比，这个中餐厅服务员的态度实在太恶劣了。

相比之下，美国饭店服务员的数量会多一些，美国劳动法对劳动者很保护，工作一段时间必须有休息和吃饭的时间，而且当劳动量过大，超过一定限度的时候，服务员有拒绝继续加班的权利。服务员为了多拿小费，会对那些有支付能力的客人尽心尽力地服务，用优质的服务换取客人的小费。不会像这个饭店的服务员那样对客人不理不睬，视而不见。况且百分之十的小费只是一般的情况，至于最终给多少，还是客人来决定。

去了这么多饭店，见过无数服务员后，才发现那个饭店的服务员是最差的。

第24章

诱人的冰激凌

　　美国人对冰激凌的热度，远远超过我的想象，我接触的美国人，都对冰激凌情有独钟。美国的超市里，冰激凌的卖场占有很大的一个位置，这里的冰激凌琳琅满目，各种品种应有尽有，周围围满了顾客。在美国的大街小巷上，到处都是冰激凌商店，还有冰激凌的食物店。

　　我的美国好朋友泰蜜告诉我，她最喜欢的食物就是冰激凌，她想象不到，要是没有冰激凌，生活会变成什么样？在她的眼里，只有能吃到冰激凌的生活，才叫真的生活。

　　尤其是泰蜜的孩子们，冰激凌在她们心目中的位置更加重要。她最小孩子的最大理想是：早上起床后第一个食物就是冰激凌，然后一天所有的食物全是冰激凌，一直这样吃到晚上睡觉。

　　不仅仅是小朋友，美国的成年人，甚至是老年人也离不开冰激凌，可以这么说，绝大多数美国人都爱吃冰激凌。因为美国冰激凌消费者占总人口比例很高，所以美国前总统里根1984年规定每年7月为"美国冰激凌月"，7月的第三个星期日为"美国冰激凌日"。可见，冰激凌在美国民众的心目中占有何等重要的位置。

　　在美国的时候，我最喜欢去的饭店就是冰激凌饭店，这里冰激凌的品种非常多，尤其是美国最有影响的冰激凌连锁店

味道浓郁的黑巧克力冰激凌。◎赵涵／摄

Friendly's冰激凌店，叫人流连忘返。

Friendly's冰激凌连锁店是新英格兰地区的标志性连锁餐饮企业，拥有约500家连锁店，以汉堡和冰激凌圣代为主打产品。冰激凌店每天的客人都爆满，因为这里的冰激凌实在太诱人了。店里的冰激凌不只是单纯的冰凉，追求的更是一种独特的冰凉滑润舒爽的口感，在这里，冰激凌的特点是样式多、口味好、很便宜。

这个冰激凌店并不只卖冰激凌，还有其他的一些食物，包括各种汉堡和饮料。但是，这里的冰激凌圣代是最诱人的，每个杯子的个头巨大，很多美国人拖着硕大笨重的身体，一摇一摆地走进店里，大口地吃着冰激凌。在冰激凌面前，美国人的肚子好像是无底洞，多少冰激凌也填不满。不消说，夏日过去后，他们的体重肯定会继续增加，腰围会继续加大，身上的肉大量囤积。

在暑假里，看着很多朋友，包括那些经济条件非常好的朋友，也不安分守己，左顾右盼地到处寻找能够捞外快的工作。因为美国年轻人非常独立，即使家庭条件非常不错的学生，到了暑假也会出去工作，挣出学费和生活费。

所以很多中国留学生，即使他们父母在国内给他们邮寄了大笔的学费和生活费，保证他们可以在美国过上非常不错的生活，但他们却受到美国同学的影响，变得独立起来。如果有工作的机会，他们也希望

造型可爱的双球冰激凌。◎赵涵／摄

抓住，然后便可以大把地捞美元。看到很多人在暑假都忙忙碌碌地工作，我也眼红心跳，正好时机巧合，我也在一家冰激凌店工作了一段时间，虽然时间不长，但是收获却不小。

这个地方的服务生大部分都是女学生，抱着和我一样捞外快的心态去工作。她们的工资不高，但是小费不少，很多时候，这些小费会多得超出他们的预想，所以她们干得很起劲。

在冰激凌店工作，我第一次知道世界上有那么多美妙的冰品。美国的冰激凌真是品种繁多，叫人眼花缭乱啊。我常想，美国的冰激凌太好了，将来回国开个这样的冰激凌店，让我国内的朋友们也能吃到这些。

大部分时间里，冰激凌店是个很忙碌的地方，尤其在周末的时候人最多。人多的时候，门口会排很长的队伍，大家手里拿着店里发的牌号，很安静地站在门口等候，基本上没有人插队。

大部分美国人非常有家庭观念，工薪族一下班就回家，尤其是在周末的时候，他们喜欢全家出动，带着孩子到外面吃饭。夏天的时候，他们很多都选择去冰激凌店。这应该是孩子们最开心快乐的时间了，每个孩子都面带微笑，开开心心地走进来，坐在桌子旁边，店里还有礼物给他们。小孩子吃冰激凌的样子真幸福，在他们眼里，冰激凌是最美妙的食物了。

除了孩子，还有学生、成年人到店里，甚至那些几乎走不动的老人，有时候也会坐在轮椅上，来到冰激凌店，尽情地享受冰激凌。

在这里工作，虽然时间不长，但收获却不少，我不但吃到了大量的冰激凌，还体验到了美国冰激凌的文化，和当地人有了密切接触。

我发现，在整体上，美国的冰激凌价位比中国便宜很多。国内的那些贵族品牌哈根达斯之流，在美国只不过是一个很普通的冰激凌牌子，很大众化的。但没有想到它们漂洋过海，来到中国后，摇身一变，变成了贵族。

国内甚至有人说约会吃哈根达斯是一种生活方式，再贵也要吃一次。这真让我惊讶，真不知道这些人的脑子是不是出了毛病，哈根达斯又不是什么人间的美味佳肴，在美国只不过就是一种再普通不过的冷饮罢了。感觉这个理论好像是乡下人进到城里，看见卖烧饼的，再贵也要吃一次，因为这是一种身份的象征。或者说是到了某个地方，一定要写下"到此一游"以证明自己来过这个地方。在美国餐饮店工作，想想这些平民化大众化的冰激凌，在国内就好比是皇室贵族的专有享受一般，心里经常有种不以为然的感觉。

店里的冰激凌品种很多，有一种用牛奶巧克力里放一些果仁儿做成的冰激凌，非常好吃。还有一款冰激凌甜品由苹果馅饼和香草组成，堪称绝配。

很多冰激凌大部分都是饮料，只是在最上面盖了一层冰激凌，外面带着一个大吸管。还有一种巧克力曲奇冰激凌，做法很奇特，把曲奇切成小块，拌在冰激凌里，吃起来味道相当不错。

还有一种冰激凌里面有大块的乳脂软糖、条状的太妃糖、核仁巧克力以及巧克力曲奇，将含有花生和黄油的脆饼干和香草麦芽底料巧妙混合起来，味道很不错。这些冰激凌放置在形状非常别致的玻璃杯里面，其间夹杂着饮料和水果，以及各种点心，味道鲜美无比。

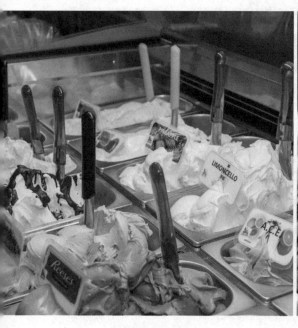

五彩缤纷的冰激凌橱窗。

诱人的冰激凌组合。

很多时候美国人也会把冰激凌加到点心之中，我记得有种非常好吃的冰激凌，它的外面由非常松软的蛋糕做成，中间夹着松软的冰激凌，吃起来叫人回味无穷，这种冰激凌的价格不算便宜，我也吃得不多，但每次吃都很享受。

在美国，我发现冰激凌有许多我们所想象不到的吃法。我吃到的最奇妙的冰激凌是在日本餐馆吃到的高温油炸冰激凌，冷的冰激凌球裹在热的皮里油炸，冰激凌放进油锅竟然不融化。

在这里我吃到的好吃的冰激凌不计其数，很难说哪种最好，只能说各有千秋。

在美国不但冰激凌店随处可见，就连很多家庭主妇都可以做一手美味的冰激凌。最好做的应该是冰激凌奶昔了，两个冰激凌球，兑上牛奶，再加入新鲜草莓或巧克力糖浆或香草糖浆，用搅拌机一搅就成厚厚的冰激凌奶昔了，口味诱人。

很多母亲经常用特制的冰激凌机给孩子们自制冰激凌，她们把牛奶、重奶油、白砂糖搅拌在一起，随意加各种碎果仁、巧克力碎片，或者是碎糖片。放在电动冰激凌机里自动搅拌20分钟即成冰激凌坨，拿出来撒上喜欢的新鲜碎水果即可食用。

在泰蜜的家里，我吃过她亲手制作的冰激凌，这个冰激凌是蓝莓冰激凌，泰蜜用刚从树上摘下来时间不长的蓝莓做成冰激凌，这些蓝莓很新鲜，个头也大，颜色很鲜艳，她加上很多冰激凌的原材料制作出非常满意的冰激凌招待我。我从泰蜜的手里接过冰激凌，吃了一口，发现它的味道鲜美香浓，口感幼滑，是正宗的美国风味。泰蜜每次在家里做冰激凌都不会剩下，无论她做多少冰激凌，都会被她的孩子们风卷残云般瞬间扫荡一空。

还有一次，泰蜜教我做一种特殊的香蕉苹果冰激凌，味道美极了。泰蜜首先把香蕉用机器绞碎，接着又把苹果绞碎，最后再把冰块绞碎，几种原料混合在一起后，再加入新鲜的牛奶和奶酪，最终做出了可口的饮料，这种纯天然的饮料非常健康养生，口感不错，孩子们也很喜欢。

第25章

土豆食品与美国的文化风俗

说起美国的饮食，就不能离开土豆，在美国的饮食中，土豆的地位非同一般。

在美国超市的蔬菜区，到处都是土豆的身影。我刚到美国的时候，由于经济条件有限，那段时间，土豆成了我餐桌上的常客，因为土豆的价格太便宜了，我只能买得起土豆、吃得起鸡肉。所以我很感谢土豆，是它陪伴我走过了最困难的那段经济危机。

虽然那段时间，我吃土豆的数量比吃鸡肉还多，但是，鸡肉我已经吃腻了，吃得我一看见鸡肉就头疼，但是，土豆却叫我百吃不厌，从来没有厌倦的时候。

美国土豆的种类繁多，价格各异，它在美国的饮食结构中占有相当重要的位置。上至王公贵族，下至平民百姓的餐桌，都能够看得见土豆的身影。美国有个"马铃薯协会"，其专家认为土豆有着丰富而独到的营养，并且倡导土豆最好连皮一起吃。美国膳食指南推荐每天吃两到四份土豆，每份大约相当于一个中等大小的土豆。美国人每天吃的土豆是我们的好几倍。

在美国，土豆在餐桌上无孔不入，做汤、拌沙拉、烤着吃、压成泥、做主食，到处都能看到它的身影。尤其是烤土豆正受到很多美国人的青睐，不管是做点心还是当主食，都能让人美味营养两不误。

更有甚者，有的饭店还专门推出了烤土豆皮这道美味菜肴，价格比烤土豆贵得多。土豆不仅富含各种营养成分，还是维生素C的宝库，同等重量的土豆比西红柿中的维生素C的含量还高。从土豆的烹饪方法来说，炒、蒸、煮、烤都是营养而又健康的食用方法。

美国人很喜欢吃土豆，有很多种吃法，美国规模比较大的餐饮公司，都有一个巨大的专门制作土豆泥的机器。

我的美国老师教会了我如何做土豆泥。得到了正宗美国老师手把手的传授后，我也亲手做过很多次，很有成就感，这种好吃的土豆泥做起来其实很简单。

　　制作土豆泥的过程是这样的，先把洗干净的土豆放置在巨大的容器中蒸一段时间，大约是半个小时的样子，然后再把蒸好的土豆放在巨大的土豆泥搅拌机的容器里，放上牛奶，还有奶酪，然后打开搅拌机，就开始搅拌，过一段时间后，关上搅拌机，香喷喷的土豆泥就做成功了，当然可以根据不同的口味，放置各种不同的原料，制作不同口味的土豆泥。

　　在美国，人们非常喜欢土豆泥，吃起来非常过瘾。

　　一般的美国家庭，没有专门制作土豆泥的机器，但这不会难住喜欢土豆泥的家庭主妇们，她们把土豆煮熟，去皮，捣成土豆泥。然后再根据喜好拌入蛋白，蘑菇和各种生蔬菜，水果。有些勤快的主妇还会做土豆沙拉。

　　美国家家都用烤箱。土豆放入烤箱烘烤。烤熟以后，再配上奶酪、培根熏肉等，就做成了鲜美的烤土豆。土豆饼也是美国家庭主妇的家常菜，具体做

经典美式早餐——美式炒蛋和薯饼。◎赵涵／摄

法是：土豆泥跟牛奶、蛋黄、面粉搅拌，加盐、胡椒粉少许，做成饼的形状，浸入混合好的蛋液里，再裹上面包碎屑，油煎后金灿灿、香喷喷就出锅了。

不容错过的美式蒜味薯条。◎赵涵／摄

除了土豆泥，比较受美国人欢迎的土豆吃法还有炸薯条和炸薯片，在美国大街小巷的各种快餐店中都少不了它们的身影，可以说这是一种老少皆宜的休闲食品。

在麦当劳等快餐店里花五美元左右买一份快餐，会包括一份薯条。而薯片通常装在密封袋里，在超市出售，当零食吃。薯条也可以买袋装生的，或者用土豆自己动手做。很多人家还有专门的薯条、薯片切割机，切出来后，自己油炸，非常简单，是美国人的美味佳肴。有些非常臃肿肥胖的美国人，整日沉溺于电视，他们坐在沙发上，吃着土豆条或者是土豆片，眼睛一眨不眨地盯着电视屏幕，吃得心宽体胖，越吃越懒，越吃越不想动，最终一个个都变成了庞然大物。

在美国的正式宴会上，也少不了土豆的身影，一般是将整个土豆带皮烤着吃。在这个时候，烤土豆是一种贵族食品，虽然是半生的，但依旧是美国人的最爱。

美国的牛肉消耗量在世界上排名第三。除了一些常见土豆的吃法外，还有一些类似于我们中国人的做法，比如说土豆烧牛肉。烧土豆的牛肉不是牛排，所以价钱很便宜，当地人通常是用牛肉、土豆炖上一大锅汤，里面还放洋葱等配料，这个做法有些类似于中国的做法，但最大的区别是：他们所放置的调料与我们完全不同，我们一般都是放上酱油等调料，但在地道当地人的厨房和餐厅里，我没有见过酱油的容身之地，他们的饮食很少用这样的调料。

他们使用最多的调料是奶酪，所以，当地人的土豆烧牛肉所加的调料放的也是他们最喜欢的调味品——奶酪。根据个人不同的口味放置不同种类的奶酪，还有牛奶，这样的土豆烧牛肉炖出来，恐怕只有当地人本人最喜欢。

在美国的时候，我在饭店吃自助餐，看见土豆烧牛肉，感觉很亲切，于是非常开心地盛了一大碗，但闻到那奇怪的味道，感觉很不妙。喝了一口，果然不对劲，因为味道实在不敢恭维，于是我毫不犹豫地倒掉。看来美国人的美食，对中国人来说，并不同样也是美食，我再次感到，饮食是有民族性的。

我认识几个在美国生活很长时间的华人，她们倒是感觉这道菜还不错，看来人的口味也不是一成不变的，会随着环境的改变而改变。

在美国，土豆是人们最喜欢的食物之一，在这里，土豆上得了厅堂，下得了厨房。上得了贵族的餐桌，也下得去平民的餐桌。

它还融进了美国的社会生活，与美国的文化风俗密切相连。在美国的很多社交场合中，出现了很多与土豆密切相连的文化含义。

土豆的英语拼法是potato，这个词可用于指人，在生活中我们有"couch potato"这个词组。从它字面意思的翻译上来讲是沙发土豆，指的是那些拿着遥控器，蜷在沙发上，跟着电视节目转的人，他们什么事都不干，只会在沙发上看电视。描述了电视对人们生活方式的影响，这个词最早诞生在美国，有双重含义：二是指终日在沙发上看电视的人就像"种在沙发前的土豆"一样不动；一是指这类人一般总是在看电视的同时不停地吃炸土豆片。说某人是沙发土豆，通常是批评这种不健康的生活方式。

换句话说就是，一个人长时间坐在沙发上，就如土豆一样一动不动，时间长了，人就像土豆一样胖胖圆圆的。久而久之便可能导致肥胖，甚至心理孤独等疾病，是一种不健康的生活方式。

"沙发土豆"这一译法，是1976年美国人创造出来的，因为它简洁而且形象、生动，便广为传播。20世纪80年代早期，阿姆斯特朗还为"沙发土豆"一词做了商标注册。1993年，这个词被收入《牛津英语词典》。现在"沙发土豆"已经常见诸报章和网络。不仅进入美国人的词汇，也逐渐被汉语世界和国内的读者所接纳。

"沙发土豆"的生活方式早在20世纪60年代就开始流行于美国。后来"沙发土豆"的生活方式又传遍西方各国，并进入日渐西化的日本和喜欢跟潮流的中国，成为极其重要的致胖因素，对人们的形象和健康带来严重影响。

"沙发土豆文化"正在威胁人类的健康，坐在沙发上边看电视边吃饭、边看电视边吃炸薯条等零食的不良生活方式，严重危害人类的身体健康。现在，这种现象正在中国城市蔓延开来，始于西方的这种"沙发土豆文化"正在危害中国人的身体健康，特别是儿童，受害最甚。

我们常用动物如猴来形容人，有的时候，也可用蔬果来形容，比如说土豆。在社交场合，美国人与别人交谈时，常说"I'm a small potato"，含义是"我只是个小人物，没什么了不起"，表达一个人的谦虚和涵养。但如果听到老板对员工说："你有个土豆脑袋。"这可不算一句好话，老板的意思是"你真是个傻瓜"。

美国人对于刚刚烤出的热土豆，也有其他的意思，热土豆非常烫手，使人很想立即将其扔掉，于是源自日常生活的妙语"热土豆"便引申于指那些棘手的问题或难以处理的局面，相当于汉语语境中"烫手的山芋"。

由此可见，在所有的食物当中，土豆占有了非常重要的地位，它不仅仅是美国人最爱的食物，对美国文化也有不小的影响。

第26章
美国最常见的食物——香蕉

初到美国的那段日子里，我吃得最多的水果就是香蕉了，因为美国的香蕉，价格非常便宜，虽然当时我的经济条件不好，但也完全吃得起香蕉。

在美国的超市里，除了土豆，随处可见的就是香蕉，香蕉是美国人最爱吃的水果之一，平均每人每年食用香蕉达15公斤，可算是香蕉消费大国，香

搭配香蕉的美式煎饼。◎赵涵／摄 　　经典美式早餐——很受欢迎的美式冷冻甜品——冰香蕉，香蕉外裹的是巧克力脆皮、花生粒或者奥利奥饼干碎末等食材。◎赵涵／摄

蕉在美国不但是一种水果，而且还是一种蔬菜。

　　美国盛产水果，所以在美国的饮食中，水果入菜非常普遍，美式菜的沙拉中水果用得很多，例如用香蕉、苹果、梨、橘子等做沙拉最为普遍。尤其是香蕉，在美国的饮食中占有非常重要的地位，香蕉切片后，可以和酸奶拌在一起，还可以和各种其他调料搅拌在一起，吃的方式非常多，也很受欢迎。

　　香蕉是200多年前才传入美国的。1804年，一位船长从古巴带来30串香蕉，美国人才第一次目睹了这一奇妙的水果。在此后很长一段时期内，香蕉在美国仍是很稀罕的水果，其价格也高得令人咋舌，一般人根本不敢问津。直至1876年，在费城博览会上，香蕉仍能在水果中独占鳌头。当时要花10美分才能买到一根香蕉。进入21世纪后，香蕉这一昔日的珍果，逐渐出现在寻常百姓的餐桌上。目前，美国倾心于各种色彩稀奇古怪的水果蔬菜，现在又出现了一种经过改良的红色香蕉，这种香蕉供不应求。在美国人眼里，红色香蕉是名流吃的食物，许多人甚至用它来炫耀身份。

　　在美国餐饮界工作的时候，我发现很多美国人的三餐都和香蕉有关。香蕉是美国人最爱吃的水果之一，从早餐开始到晚餐结束，每顿饭，美国人都

会消耗大量的香蕉。在超市里，香蕉的价格并不贵，是一种大家都能承受得起的食物。香蕉在美国超市里和土豆一样常见，因为在美国它们都是必不可少的食品。

很多人早餐喜欢喝一杯冰镇牛奶，他们的食物就是香蕉。美国人把香蕉作为一种原料，并不像中国人那样直接吃香蕉，而是剥开香蕉皮以后，用刀子把香蕉切成一片一片的，然后在里面加上一些奶酪、炼乳、奶油软糖、核桃、胡桃之类的其他食品，拌一些饼干屑，还有一些巧克力碎屑，或者是酸奶、草莓酱，搅拌一下，味道相当好，这道点心非常受欢迎。

有人再要上一个煎得很嫩、鸡蛋黄都没有凝固的鸡蛋，旁边加上培根的碎屑，这些就是美国人早上最常见的早餐了。另外，在热菜中也常使用香蕉，如炸香蕉、香蕉蛋糕等。

在美国，还创下了吃香蕉的一些独特的记录。如1957年，芝加哥市的菲立普·亚克希用15分钟吃下了101根香蕉，如此超人的食量和进食速度，令人惊异不已。1973年，一位名叫阿尔坎纳的人，用两分钟的时间吃下17根剥皮的、净重2.2公斤的香蕉泥，又创下一项新的纪录。更有趣的是，1983年4月，美国加利福尼亚州的萨克拉门托市举行过一次空前的香蕉冷餐宴会。在灯火辉煌的宴会大厅里，整齐地排着11 206根总长度达800多米的香蕉。每根香蕉都用一只腰形碟子盛放，并辅以奶油软糖和胡桃等其他食品。

美国人因为爱吃香蕉，专门建立了香蕉俱乐部和香蕉博物馆。俱乐部和博物馆都是由一位叫科斯·巴尼斯特的先生创办的。巴尼斯特非常喜欢香蕉，而且推崇香蕉为世界上最好的水果。1972年，他在加州创建了一所国际香蕉俱乐部，现有会员7000多名。一旦成为该俱乐部的会员，不仅可以得到香蕉形别针一枚，而且可以享受一年一度的香蕉野餐优待。博物馆内陈列有一万余件与香蕉有关的展品，其中许多展品闻所未闻，如香蕉雕刻、香蕉钟、香蕉明信片、香蕉玩具和香蕉食谱等。这些展品大多数是香蕉俱乐部会员捐赠的。

第 27 章

美国的饮食造就了大量的胖子

在美国大街上行走的胖子人数不少，这些胖子的身材极为壮观。到底有多壮观，我来讲几个亲眼看见的事，大家就明白了。

有时我在街上行走，发现远处有一座座小山在移动着，或者看见几个巨大的肉球在滚动，我走近了一看，他们其实是一个个胖子。

看这些顶级胖子走路，真替他们感觉到累，他们的两条腿好像已经无法支撑住那硕大的身躯。他们气喘吁吁地走着，由于腰围太粗，所以走起路来非常困难，必须使劲挪动腿，仿佛每走一步都是一种胜利，胖成这样真难为他们。咱们中国大街上的胖子无论是身形还是体重，都根本无法和他们相比，他们一个胖子的块头顶咱们几个胖子。

胖子们长得如此壮观，给别人和自己都带来不少的麻烦，我在餐厅里打工的时候，给客人安排餐桌，但很多客人却无法顺利地坐在我给他们安排的位置。

记得有一次，我接待一个肚子和臀部极为硕大的客人，她告诉我她喜欢坐在窗户旁边的

上了年纪的肥胖者，健康状况更加令人担忧。

桌子上，一边看风景一边吃饭，她说这样有助于增加食欲，也有助于食物的消化。

"很有道理。"顾客是上帝，既然上帝提出了要求，于是我就给上帝安排了这样的一个座位。

可是，那个椅子是已经在地上固定好不能随便移动的，虽然桌子和椅子之间的距离很大，但是这个客人的身体更大，所以她很有耐心地尝试了半天，最后却无法顺利地坐在这个靠窗户旁边的椅子上，只好放弃一切努力，无可奈何地看着我，要求我随便给她安排一个可以让她坐下的座位。最后，我把她领到了一个可以移动的椅子上去，她才得以坐下来吃饭。

这个胖子一坐下来真面目就露出来了，她要了两份汉堡，又要了两份冷饮，还要了很多其他的食物，根本不管身体还会继续发胖。

刚来美国的人，看见美国的胖子一个个在街上走着，非常开眼界，也许美国是世界上胖子最多的国家吧，国内的胖子来到美国，自我感觉苗条很多。

我有一个朋友，是个大学教授，获得了美国的奖学金到大学去工作一段时间，她人到中年，家庭幸福，事业有成，身体也开始发福了，她也无可奈何地自嘲是水桶腰。但来到美国一个星期，她就高兴地告诉我，终于找到自信了，和美国的胖子们一比，她感觉自己苗条又漂亮，似乎青春依旧。

不可否认美国的帅哥美女很多，长得非常英俊漂亮，但是胖子也为数不少。

为什么美国有这么多的胖子？而且很多胖子都是穷人？

据朋友们的分析，他们这么胖，首要原因是饮食结构的不健康。也许是他们手中可支配的钱不多，所以没有更多的钱买健康食品，比如新鲜的蔬菜。

他们纤维食品吃得少，喜欢吃一些高能量的食物，因为我在美国饮食界工作过，所以对美国饮食的营养状况，以及其饮食的结构情况比较了解。

美国人非常喜欢吃奶酪，他们平常食用的奶酪得有十几个品种，也许更多。美国奶酪的品种之繁多以及口味划分之细腻，令人叹为观止。

比较常见的奶酪名字有美国奶酪、西班牙奶酪、瑞士奶酪、法国奶酪，还有许多许多别的口味的奶酪。在餐厅里工作的服务员们，一边做饭，一边抵挡着手里美食的诱惑，有的时候，实在无法抗拒美食的诱惑，直接就拿起奶酪放到嘴里，吃得津津有味。

美国人所有的食物几乎都离不开奶酪，记得我刚刚到饭店工作，知道可以享有免费工作餐的时候，很高兴。

这些工作餐中，最叫我动心的就是香喷喷的美国大牛肉堡，可爱的面包里夹着香喷喷的牛肉饼和其他的一些蔬菜、调料。这些刚刚烹调出来的食物，散发出诱人的香味。于是在休息的时候，我立刻就定做了一个牛肉堡。

丰富多彩的美食也带来了其他特殊的视觉效果。

我知道牛肉堡里还有奶酪，奶酪属于高能量的食物，我对它的味道不太喜欢，于是我告诉厨师说我只要牛肉和其他的调料加入牛肉堡之中即可，不加奶酪。

"不要奶酪，这还叫吃饭吗？"那个厨师把眼睛瞪得就像一个铜铃那么大，在他的思维里面，不加奶酪的食物根本不叫食物，做了这么长时间的饭，他还没有做过不加奶酪的牛肉堡，在他的眼里，在食物中放进去奶酪就好比人要喝水一样，都是天定的，任何人也不可以改变的公理，而我的行为在他们那里被认为是不符合常规。

除了奶酪，还有巧克力酱以及大量的甜食、冰激凌等都是美国人的最爱，美国的巧克力品种繁多，巧克力酱的价格非常便宜，很大一瓶巧克力酱不到两美元，所以它的消费量也很大。

我在美国的餐饮界工作，每天都可以见到几百甚至上千人。

这些客人在饭店里放开肚子，大吃特吃，胃口好得令人吃惊。各种各样的高能量食品，因为其美妙的口味，被他们大量消费。

不少美国人吃饭时的样子令人惊讶不已，他们目不转睛地盯着盘子里的食物，全神贯注地吃着，什么事情也不想，似乎想多了会影响到他们的食欲。一大盘子冰激凌覆盖着一层厚厚的奶油，一转眼就没有了，一大盘子牛肉汉堡转眼就进入他们的肚子里。

吃完这些高能量的食物后，还有饭后甜点，他们喝的饮料全部要加大量的冰块。

看美国人吃饭的样子，我终于知道了，他们的营养想不过剩都难，很多人都把肚子填得满满的，再也没有任何空隙之后，才恋恋不舍地离开。

看了无数个美国人的形象，我认为，美国人最美丽的时候是童年。我在美国小学教书的时候，我的学生都是最可爱的学生。

美国小朋友们的营养水平非常高，运动量也很大，因为学校每天都开设体育课，比如游泳课、足球课、橄榄球课。金发碧眼的学生们就像最美丽的小天使，脸色都是白里透着红，就像红扑扑的小苹果。那么娇嫩，用手一掐几乎可以掐出水来，尤其是他们的眼睛，非常大、非常明亮，就像深水一样美丽。这个时候，每个孩子都是最为精致的洋娃娃。

到了上中学的时候，他们的身材开始分化，有的开始胖了起来，有的长成了绝色的美女或者帅哥。

再到了中年生完孩子以后，又开始分化了，有人由于运动、锻炼、注意饮食，身材就保持得非常好，有人由于懒散、贪吃、不运动，就开始发福，目睹其臃肿的样子，简直就是一种可怕的灾难，那种肥胖超出人的想象。

如前所述，有朋友告诉我，由于美国的很多穷人不求上进，也没有任何的心事，他们就抱着"我是流氓我怕谁"的态度，心安理得地领着政府的救济，衣食不愁，小日子过得倒很滋润，这样的穷人，想不胖都很难。

而美国的中产阶级，真正有钱的人，他们都有事业，这些人整天为了事业，为了前途拼命工作，心力交瘁，反而胖不起来，我私下里认为这个理论很有趣。

可是美国人却不这么认为，他们认为自己长得这么胖，并不是个人的原因，他们会很巧妙地把长胖的原因推卸给他人，这点非常符合不少美国人推卸责任的天性。在美国人的逻辑中，成绩都是自己的，错误都是他人的。自己是最好的，别人都不行，美国是世界上最好的国家，其他国家都不如美国，美国就是世界的中心。

记得我认识一个叫玛丽的朋友，她是一个非常开朗乐观的人，她对自己身材发胖的解释非常有趣。

从五官上看，玛丽长得不错，眼睛虽然不大，但是很有神，头发金黄柔软，嘴的比例也合适。但看看身材就不妙了，虽然和美国一般的胖子比较，玛丽不属于最胖的人，但她走路的样子，也算一座小山在移动。

她对这样的身材感觉到郁闷，自从我第一次见到她的时候，她就喊着要减肥，也经常和我谈论减肥的办法。

"请问你这么瘦，是不是非常注意饮食，不吃高能量的食物？"她非常羡慕地看着我的身材。

"哪里，哪里，我确实很少吃高能量的食物。"被人夸奖的滋味很美，我理所当然地要谦虚一些，于是我告诉她我喜欢各种食物搭配着吃，而不是只是过多地吃某一种食物。

"我也要注意了。"她若有所思。

我还以为她真的要采取行动了，但是没有想到，每次我休息的时候，和她在一起吃饭，都见她端了满满的几个大盘子。因为工作人员吃饭不要钱，所以，每次她都大吃特吃，生怕吃少了就吃亏，每次吃饭，她的饭量都非常惊人。

墨西哥鸡肉卷、奶酪拌火鸡、涂着厚厚一层奶酪的比萨、拌着西红柿的意大利面、香气扑鼻的大牛排、烤沙丁鱼、巧克力冰激凌、奶油草莓小蛋糕、奶油巧克力小蛋卷、西瓜、哈密瓜、葡萄、橘子和草莓、沙拉……只要饭店里有的，她几乎都品尝一遍，嘴一般都不闲着。结果，她不但没有减肥，而且体重还有继续增加的趋势。

她认为自己长得这么胖是因为父母的遗传，都是他们长得胖，才把她生得这么胖，要不是他们的遗传，她是不会这么胖的。"我之所以这么胖主要是父母的错，我自己可是一点儿办法也没有，我是多么无辜。"玛丽说这话的时候，真的是一脸无辜。所有的责任都可以推卸到别人身上，自己从来不犯任何错误，这就是标准的美国人逻辑。

听了她的话，我不由得直撇嘴，明明是自己贪吃，管不住嘴，却埋怨父母长得胖，这个理论很有意思。像她这种没有心事、不求上进的人想瘦真的很难。

我一直以为这些身材很胖的美国人不在乎体重，其实，后来我发现实际情况不是这样，他们中的有些人还是很在乎体重的。

我们工作间的楼下，有一个落地秤，玛丽几乎每天上班路过那里的时候，都去称一下自己的体重，虽然体重一直没有任何变化，但是，她还是期望有奇迹发生，比如说哪一天可以瘦上个一两公斤，不幸的是这种事从来没有发生过，她的体重只有上升的份儿，没有任何下降的可能。

玛丽是个非常坦率的人，在我们的印象中，西方女人从来都不谈论自己的年龄和收入，但是玛丽却非常坦荡地告诉我她的实际年龄。

在平时的交谈中，玛丽也毫不回避地告诉我她的实际收入，甚至连具体的消费方式也告诉我，但是有一点，玛丽却坚决不让我知道，而且对我是守口如瓶的，那就是她的实际体重。

虽然玛丽非常胖，但对于自己的体重，她还是很在意的，她经常到仓库里去称体重，但每次称体重之前，都自己走过去，也不叫我看称的重量，即使我问她，她也不会透露一个字。

哎，谁说美国胖女人不在乎体重啊，我看她不是一般地在乎，但对于目前的体重，她却无可奈何。

我好几次直言告诉她，少吃点儿吧，否则你的体重会越来越重的，结果她只不过是一笑了之，继续大吃大喝，因为她根本抵挡不住美食的诱惑。

每次吃饭都生怕吃不饱，她的消化功能也非常好，最终成就了她庞大的身躯。

叫人感到吃惊的是，很多美国的黑人，反倒拥有绝好的身材。尤其是黑人和白人的后代，吸收了黑人和白人全部的优点，身材非常结实健美。

在大学里教书的时候，我有个学生是位不黑不白的女孩子，身材很出众，大约1.70米，腿长几乎是身长的两倍多。脸上集中了白人和黑人的长处，一双美丽的大眼睛，闪烁着智慧的光芒，脸上还有着一种高贵典雅的气质，也许有点儿贵族的血统。

在美国大城市的大街上，随处可以看见身材窈窕的黑人美女、帅哥，相比于白人，他们的形象真是别具一格，结实、健美，富有动感和弹性，在美国真正的好身材拥有者似乎是黑人。

第28章
美国人一尘不染的厨房

美国的饮食，和中国人非常不一样。美国饮食可以用甜、生、冷、高蛋白等来概括，这几个特点虽然不全面，但也比较客观。这样的饮食，对喜欢接受新鲜事物的年轻人来讲，是一种很不错的选择，但是对于胃口不好的人，尤其是一些习惯国内饮食的中年人来讲，很多时候都退避三舍。

我很喜欢吃点心，刚来美国的时候，看见商店里到处都是外表诱人的点心，忍不住一下子买了很多。结果吃起来发现绝大多数点心的口味实在太甜，甜得令人头疼，放在嘴里嚼了两口就吐了，我还没有吃过那么甜的东西。

从此我在美国买点心的时候，会非常注意，每次见到没有吃过的点心的时候，都是先少买一点儿，感觉味道不错，甜度能够接受，第二次才多买一点儿。同样的办法也适用于其他的食品。我每次见到新食品的时候，都像在探险，因为很多外表看起来不错的食物，放进嘴里的时候，才发现它们的味道原来是这么可怕，所谓的花钱买罪受，花钱买废品，就是这个意思。

美国超市里顾客不多，但是产品极大地丰富。蔬菜的品种数量似乎不如中国多，但是每种蔬菜都洗得非常干净摆在商店里，叫人很有购买的欲望。美国的蔬菜就像高大的西方人，许多都比中国的大一号。比较常见的蔬菜有生菜、洋葱、土豆、西红柿、芹菜、蘑菇。生菜有好几种，形状和色彩稍微有些差别，味道差不多。生菜是美国人的蔬菜之王，基本上是不用加工烹调的名副其实的生菜，一定要生吃。

在美国的餐厅里，我见过烹调好的洋葱、土豆、西红柿，但是唯独没有见过烹调过的生菜。我曾经邀请几个美国的朋友到家里吃中餐，有一道菜是炒生菜，我感觉炒过的生菜味道非常好，但是却没有一个人动筷子，最终我自己全部消灭掉。

中国人对吃很感兴趣，用个幽默的说法，无论天上飞的、地上跑的、水里游的、泥里爬的，只要是没有毒的，最终都会进到嘴里。

但是在美国，有些动物基本上没有人吃，比如说鸭和兔子，在美国属于宠物，吃的人很少，似乎没有人吃，至少我还没有发现这类食物。至于狗肉，那就更不能吃了，我还从来没有听说过哪个美国人吃过狗肉，因为狗在他们的脑海里，是人类最好的朋友，怎么能把人类最好的朋友吃掉？这样的事，美国人连想也不能想。

有个美国朋友听我说过国内某些地方吃狗，而且红烧狗肉还是某些地方的传统美食，她竟然把眼睛瞪得和铜铃一般大，看我心里有些发毛，她的意思是说，难道连狗也可以吃吗？有这么多动物供人类去吃，为什么还要吃人类最忠实的朋友？

美国的水果品种很多，和国内差不多，但它们的个头普遍比国内的大，

典型的美式厨房，就算狭小也洁净整齐。

也甜很多，尤其是香蕉，性价比似乎比国内还高。在所有的水果中，美国"莓"给我留下了很深刻的印象，比如说草莓、黑莓还有蓝莓，这些莓类水果营养丰富，非常健康。

我认识的不少美国家庭主妇喜欢把这些水果做成果酱，比如说蓝莓酱、草莓酱、黑莓酱，然后再用这些果酱烤制点心，她们简直是天生的糕点大师。她们还专门教我怎么做，我也学着做了一些。

物以类聚，人以群分，此话真是不假。在美国生活的中国人，大都有这样的体会，不管美国人多么友好，但还是不愿意跟他们住在一起，共享一个屋檐。这主要是生活方式不一样，住在一起有太多的不方便。别的不说，就说厨房，中国人和美国人就无法达成共识。很难想象一个美国学生回家发现自己宿舍的中国学生仅仅为了一顿饭，就把整个屋子搞得满是油烟，没准以美国人耿直的性格，会立马搬出去住。

美国家庭的活动以厨房为中心。在美国人家里，厨房的地位很重要，往往得到最多的关注。美国人的厨房，干净得和卧室有一拼，而且一般都是开放式的，和客厅相连。厨房的空间很大，除了操作台，橱柜和厨房设施外，一般都设有餐桌，全家人平时就在这里用早餐。

美国厨房最早也不是这样，过去厨房是社会地位低下的女子或佣人工作的地方，往往建在通风条件很差的地下室或者其他不算好的位置。

"二战"之后，妇女地位提高，才有了开放式厨房，让全家人在那里吃饭，看电视。主妇可以监督孩子的学习。厨房成了工作、和朋友电话聊天的场所，除了电话接到操作台上外，还会见到冰箱上贴满了各种记事纸签。

美国厨房大多数配有烤箱和洗碗机。美国人爱用烤箱做肉和甜点，美国大多数家庭主妇都会烤制很不错的点心。

我记得我的几个美国朋友，家里都收拾得无比整洁，最令我吃惊的是他们的厨房、灶台、餐具，近乎一尘不染。当然，美国人的厨房如此干净，和他们的烹调方式关系很大。由于美国人做饭很少动火，所以他们的厨房没有油烟。他们一般都不用很烫的油炒菜，烹饪方式多为煮、生拌。比如说蔬菜沙拉、水

窗明几净、一尘不染，这些词汇在此已不再仅仅是一种夸张的赞誉。

果沙拉，即使要煎炒，一般也只用很少的热油。对于烹饪，美国人可能在味道上不如中国人讲究，但他们却讲究其他的因素：安全、卫生、营养。

美国人不但讲究干净，还非常讲究餐具，餐具设置得繁多、复杂又精确，有时使厨房看上去就像科学实验室。商场里有些专门的餐具店，也是看得人头晕眼花。记得我刚到美国租的房子，我无意中拉开一个橱子，叫我大吃一惊，只见里面整整齐齐地摆满了各种各样的餐具，有刀子、叉子、勺子，有很多我还没有用过的餐具，数量、品种之多，令我吃惊。最搞笑的是上面都写的是"中国制造"，美国的餐具远比中国餐具的品种丰富多彩，决不像中国人，一把刀一双筷子就可以包打天下了。

中国人的饮食，虽然驰名天下，但也有不卫生的一面。说来惭愧，记得我的几个中国朋友到美国来探亲访友，要住上两周的时间，叫我帮助她们安排一个好的旅馆。这个朋友来过美国一次，不喜欢美国的饮食，于是，叫我帮忙一定要订一个带厨房的宾馆，她计划自己做饭。于是，我给她联系了一个不错的旅馆，结果她还从国内带来一个厨艺好的员工，在旅馆里大肆做饭，煎炒烹炸，样样俱全，对美国人这间干净的客房简直是一种颠覆性的破坏。

临走的时候，我帮她收拾行李，发现她已经把厨房搞得满是油烟了。我想象着她走后，可怜的老板和员工面对着仅仅几天就变得满是油烟的厨房，那种欲哭无泪的表情。

仅仅被国人住了几天的房子都会变成这样，那么被国人长期租用房子的厨房卫生更是叫美国人头疼的。记得我刚去美国的时候，租的房子是一个中国朋友介绍的，她租房子的合同已经到期了，正好她要搬到另外的一个城市，于是她建议我续租这个房子。

在我搬进去之前，房东告诉我，一定要注意这个、注意那个，尤其是厨房。她说，最不堪忍受的就是把厨房搞得面目全非，尤其是像某个人那样。我猜想肯定是我的朋友把她的厨房搞得满是油烟，因为我的朋友是个天生的美食家，经常在家里做饭，房东对她的行为早就有些微词，所以告诫我不要再这么做了。为了给房东一个好的印象，并租到这间房子，我便毫不犹豫地答应了。

但是我怎么能改变多年来养成的饮食习惯，像美国人那样不注重饮食？每天只吃生菜，喝冰镇牛奶？短时间还可以，长时间我可做不到。

本来在美国公司里工作，在外面已经吃了一天的西餐，难道回家关上门后，还要这么吃不成？并不是说西餐不好吃，但也不能光吃西餐。我习惯了中餐，在自己的屋子吃一些中餐，不但养胃，还可以缓解辛苦工作带来的压力。

于是，我有空就买一些中餐调料、食物，利用假期时间犒劳自己。在休息日，我会睡个懒觉，然后就在屋子里又煎、又炸、又煮、又蒸。虽然手艺不高，但在做饭的过程中，也体会到了快乐。

在美食的诱惑之下，我彻底忘记了当初对房东的承诺。有一次我做饭时油烟太大，于是屋里的报警系统便铃声大作，我知道闯祸了，吓得够呛，赶快把报警系统的电源线拔掉，没有多久，就听见有人在敲门，不用问，肯定是房东。

果然不出我所料，打开门后，只见房东一手扶住门，一手捂住胸口，惊魂未定地站在门口，好像我是恐怖分子。

"不好意思，我做饭搞的油烟，不小心，现在没有事了，对不起。"看见房东这样，我感觉很不好意思。

"是这样啊，我知道了。以前你的朋友也有过几次这样的事。"房东的心放下来了。

"没有事了，没有事了。"房东对身后的人说道，我仔细一看，原来在房东身后还有几个人，我不知道是房东喊着他们壮胆，还是他们听到铃声后，跑到房东那里投诉，总之，很多人聚在了我的门口。没有想到我简单的一顿饭，竟然把整个楼居民的心情都搅和了。

通过这件事，我彻底明白了，要是中国学生和美国学生住在一起，该会有多少不方便之处啊？

我租的房子，家具一应俱全，电器用品也很全，屋里还有一台大电视。我很喜欢电视，于是便交上钱，装上了有线电视。闲暇的时候，经常看电视，我发现在美国的电视节目中，烹调节目随处可见，在所有的节目中，美食节目非常显眼。

美国有线电视美食频道，在美国的多个专业频道中，订户数量排名第一，是美国电视行业中一支不容小觑的力量。它打造了一个让观众沉醉其中的美食世界。

这些饮食节目中，给我印象深刻的地方很多，比如说这些节目都非常家庭化，很多节目都是在家庭厨房里完成的，叫人感觉到，这些食物都出自家庭主妇之手。

看多了美国电视节目，我发现美国电视节目主持人和中国电视节目主持人的年龄段不同。国内电视节目的主持人，大多数是年轻貌美的新秀。而美国电视节目主持人，大多数都是人到中年，甚至是人到老年。虽然主持人的年纪不轻，但是他们给人一种非常亲切的感觉，很多时候，他们给人一种非常值得信赖的感觉。

由于这些不年轻的主持人有着多年的从业经历，所以他们的学识和经验非常丰富。美食频道的60多个栏目有着几十位来自不同家庭、拥有不同学历以及社会背景的主持人，他们对饮食行业有着发自内心的喜爱。他们主持的风格都具有强烈的专业性和亲民性，主持人的个性化语言和风格吸引着观众。

很多时候，主持人非常幽默，与观众进行良好地互动，他们经常拿出做好的食物邀请观众品尝，当然观众是吃不到的，这样就激发了观众的动手能力。

这些美国饮食频道教给观众的菜谱相对来说并不是太难，很多菜非常家庭化，我就跟着美国的饮食频道学做了很多菜，非常有成就感。

美食频道中的与美食有关的娱乐性节目非常受观众好评，如美食竞技类节目、美食旅游类节目以及美食真人秀节目收视率很高。这类节目中受众比较广的有《美国铁厨》《下一个铁厨》等，这些在美国最受欢迎的美食竞技类节目都安排在黄金时段播出，所以知名度很高。

第29章
小费——美国餐饮的文化

很多美国人饭店的服务生，对中国客人很有意见。造成这种情况的原因有很多，首先中国游客的吵闹是一大特色，他们在饭店里吃饭的时候喜欢高声喧哗，众所周知，在国内的饭店里，充满了噪声。而在美国的饭店里，大家都安静地吃自己的饭，很少有人喧哗，很多饭店虽然人满为患，但是里面的环境却非常好，没有谁受到打搅。

可以想象，如果几个中国客人来到餐厅大声喧哗，将会引起人们多大的反感。除此之外，最让人无法接受的是，国人没有给小费的习惯，而很多服务人员的全部收入都指望小费。由此可见，国人之所以不受欢迎，和文化的差异有很大的关系。

有过美国生活经历的人都知道，在美国的餐饮、酒店、旅游等服务行业，因员工的工资相对较低，一般都低于平均标准，小费收入对于服务员来说非常重要，甚至被看作是固定收入的一部分，而非额外收入。美国人给小费非常普遍，除了在饭店吃饭给小费，住旅馆给小费以外，小费在他们的生活中占有很重要的位置，很多时候，顾客吃饭花不多的钱，却给了很多的小费。

　　在美国餐饮花费的小费，大约是用餐总费用的15%至20%，会在小票上专门列示，类似国内的服务费。而住酒店，给房间打扫员的小费基本以现金支付，并放在房间醒目的位置，比如枕头上，或压在枕头下。金额也不大，一至五美元不等，多少随便。因为这样的小费没有票据，美国好多单位在出差规定中专门列了一项其他出差补助，报销无须票据，就可以拿到补助。这部分补助，主要被用来解决现金支付的小费项目，大家都知道给服务员小费的时候，是无法开具收据的。

　　然而，由于文化的原因，很多中国的游客并不理解这一点，他们感觉和国内一样，服务员的各种服务都是天经地义的事，完全没有给服务员留小费的概念。

可将"小费"看作是一种美国人的风俗，客人以此表达对对方私人服务的谢意。

记得在美国的时候，我在大学里教书，一个跟我学汉语的女生琼斯，课余的时候出去打工。有一天上课，我叫她用汉语讲述当天发生的事，琼斯得意地告诉我，今天她上班去，遇见了一个很熟悉的客户，他只吃了20多美元

的套餐，却给了她60美元的小费，她很高兴，今天过得很开心。

"还有这样的好事？只吃了20元，却给60元的小费，这一定是个优秀的顾客了。要是所有的顾客都这样，谁不愿意去做服务生？"我吃惊地说道。

"确实有这样的好顾客，你知道吗，我所工作的那个餐厅，有很多这样的顾客，尤其是一些有教养的人，虽然很多的人收入并不是很高，在饭店里点菜也不点很多，但是给小费的时候，却非常积极，遇见这样的客人，我们都非常愿意去招待他们。但是有的时候，遇见一些人，比如说黑人或是没有礼貌的人，只给很少的小费，有人才给一美元，有人直接就只给硬币，有的人最差劲，根本就不给小费，吃完饭后就走，我们都不喜欢这样的人"，那个女生一本正经地告诉我。

"还有不给小费的人？"

"是的，这些都是一些不受欢迎的外地人，最起码我知道，本地的客人，很少这么做的。"

琼斯告诉我，她比较喜欢接待一些本地的白人客人，尤其是一些教养比较好的白人，如果她们再有足够的经济实力的话，给的小费会叫人非常满意。

琼斯最喜欢的三位客人，是一个三口之家，这个家庭的成员都长得高高瘦瘦，是很和善、很幸福的一家人。这是个典型的中产之家，收入不错，为

人大方，开着不错的名车，不会过分计较金钱，走到哪里都是受欢迎的客人，给人们带来富足和安详的氛围。

这样的一家人是所有的服务生都喜欢的顾客，大家都想为这样的人家服务，因为他们一家人很好说话，不挑剔，对人十分尊重，而且每次给的小费非常多。大家都在争抢这样的客人，琼斯的运气非常好，经常有机会照顾这一家人，后来这家人一来，就指定琼斯做他们的服务生，琼斯也知道了他们的口味，这家人每次走的时候，都给琼斯留下丰厚的小费。

琼斯算是一个很聪明的女孩子，每次这样的顾客来到，她总是尽可能地找到服务的机会。她的运气不错，由于在饭店里已经工作了一段时间，她已经找了一些这样的常客固定下来。

至于那些逃小费的客人，她总会想方设法地避开。很多时候，她的判断还是正确的。

"那么你的小费收入应该不错了。"我只是随便地问一下，并不想知道她每天的具体收入，因为我知道，在美国问别人的收入是件不礼貌的事。

"那是啊，在每年暑假的旺季，我每天的收入都有好几百美元，足够我消费很长时间了"，她得意扬扬地告诉我。

不过，琼斯告诉我，她也并不是那种只爱金钱的女孩子，她说她是非常有爱心的人。有些人即使没有给她足够的小费，她也会耐心地去为他们服务，比如说一些老人和一些身体有困难的人，这些人即使只给很少的小费，她也愿意去帮忙，她最讨厌的是那些年轻力壮却没有教养，而又少给或者是逃避小费的人。

在她工作的餐厅里，有的时候，也会来一些老人和身体不好的人，这些人有的年纪很大了，头发花白，走起路来一摇三晃，随时都有可能摔倒。很多时候，他们独来独往，身边也没有照顾他们的家人。他们一般身上的钱都不多，所以给的小费也很少。

她在餐厅里也经常遇见几个这样的老人，他们是那里的常客，不来则已，一来就坐很长的时间，一般只点最便宜的食物，因为年纪大的人，胃口也不好，吃不了多少东西。最麻烦的是老人的耳朵有点聋，听不清别人说话，而且行动又不方便，坐下的时候，还得被别人搀扶着，一摇三晃的，问他们要什么都得问上三到五遍，嗓子都疼，谁也不喜欢接待这样的客人，费力不讨好。老人的动作还非常慢，每次在店里待上很长的时间，几乎得有大半个晚上的时间，就那么麻木不仁地坐在椅子上。

所以大家都不太喜欢这样没有油水的客人，但是琼斯说自己是个非常善良的人，即使别人不喜欢这样的客人，琼斯也会对他们非常好，耐心地为他们服务，这点和其他的服务员不一样。

琼斯说："因为我相信上帝，从小父母就告诉我，要做一个正直善良的人，爱金钱，也要爱周围的人，尤其是对那些需要帮助的人，一定要伸出自己的手。"

听了琼斯的话，我对她非常佩服，感觉到有必要重新认识与了解她了。

我在大学的同事都是一些彬彬有礼的人，她们告诉我每次她们去吃饭，都会给服务人员超过20%的小费，一般都不低于10%。在这些同事的眼里，给服务生小费与吃饭付钱一样，都是天经地义的事，既然世界上没有不免费的午餐，那么世界上也没有不付小费的顾客。她们对不给小费的行为很看不

惯，即使她们有时去中餐馆吃饭，也不会忘记给服务生小费，所以，她们很受欢迎。

最让我印象深刻的是有一次我买一个农妇的蔬菜，还是按照国内的思路和她讨价还价，在国内的农贸市场，大家讨价还价已经是一种习惯了，不还价反倒有些奇怪。于是，初到美国的我，也把这个习惯带到了美国。

正在这个时候，来了一位美国顾客，根本不问价，买了她很多蔬菜，临走的时候，掏出一整张大票子给农妇，农妇拿出零钱准备找钱，顾客摆手说道："不要找了，剩下的都是给你的小费。"农妇也不客气，于是开心地接过钱来，愉快地向他道别。

直把我看得两眼发直，原来在美国还有人是这样购物的，不但不讲价，还多给对方钱。

国人要是出去旅游、公干的时候，不妨先了解下美国的小费文化，如果了解更多的美国国情，便不会对小费感到费解了。

第 30 章

小费，服务生的最爱

美国饭店的繁荣，离不开美国厨师的辛苦，但是，在饭店里忙忙碌碌的美国服务生的功劳也不可小看。

不要以为在饭店里做服务生，就是个简单的端盘子的问题，实际上并没有那么简单，同样的工作不同的人干，同样的客人不同的人去服务，最终拿到小费的数目会有很大区别。

所以，在饭店里，要想拿到不菲的小费，除了巴结好客人，叫客人高兴之外，还有很多地方需要注意。

首先，经理那里需要注意，因为每个服务生的工作时间都掌握在经理的手里，而且经理每周都重新安排员工工作的时间，所以，必须给经理留下很好的印象，这样经理自然就会给你足够的工作时间，光给足够的时间还不够，大家都知道，饭店里还有人少的一般时间和人多的黄金时间。所以，如果你推销的能力强，顾客反应好，经理也知道好钢用在刀刃上的道理，给你多安排黄金时间的工作时间，保证你挣到足够的工资和小费。

除了经理，厨师那里也一定要注意搞好关系，这点非常重要。我在打工的时候，发现了很多地下交易，尤其是服务生与厨师的地下交易，服务生把自己挣的小费送给厨师。

在饭店工作的时候，我结交了不少的朋友，一个叫琼斯的服务生非常直率、热情、乐于助人，但是有一点，友谊归友谊，利益归利益。如果她认为我的工作触犯了她的利益，就会毫不客气地同我交涉。

所以说，在美国的职场上和中国的职场一样，在工作中，没有永远的朋友，也没有永远的敌人，只有永远的利益。

记得有一天快下班了，厨房的厨师主管汤姆过来，琼斯和他打招呼，说下班的时候有个问题要问他。

"好的，我们一会儿再说。"汤姆笑笑就进屋里忙活去了，看他们之间似乎有什么默契，我很好奇。

快到下班的时间，我和汤姆在一个小屋子说话，其他的员工都在忙着打扫卫生。

琼斯走过来，手里拿着她装美元的小包，今天她的包装得满满的，看来她在小费上喜获了大丰收。

琼斯看看四周没有人注意到她，于是，迅速打开包，从里面拿出厚厚的一摞美元，送到了厨师主管汤姆的手中，而且动作非常熟练。

汤姆半推半就地接了过来，两人心照不宣，相互笑了笑。汤姆把那沓绿色的票子放入口袋。然后就吹着口哨走出门去，心里美滋滋的。估计他每次拿到的绿票子数目都不少。

这类交易不止一次地发生，这从彼此间配合到了天衣无缝的程度就看得出来。

汤姆比一般人更喜欢美元，我经常看见服务生给他塞钱讨好他。对于塞钱多的服务生，他自然是非常照顾。看来，这就是为什么有的服务生报单的菜总是很快就上来，而另一些服务生的菜却迟迟上不来。

一定的报酬可以使厨师更好地为服务生服务，无论是中国的厨师还是美国的厨师都一样，只要有钱送给他们，他们就会先把你桌上客人的菜给备好，你桌上客人高兴了，给你的小费就会多，你工作起来就舒心。难怪琼斯每次的菜都上那么快，加上她的态度热情，所以客人给她的小费都很多，原来是这么回事。

感觉美国人并不像中国人所想象的那样一根筋，很多美国人都非常有脑子，和中国人不相上下。

记得有一次来的客人很多，有一桌客人等了很长的时间也没有等到菜，最让她们受不了的是，别的比她们晚来很长时间的客人，菜已经上来了，她们却还在等，等到那个客人都快吃饱了，自己的菜还没有上来。

招待她们的是个新来的服务生，本来就紧张，看见客人生气了，更加手忙脚乱，气得客人跑到老板那里去投诉，老板亲自为她们做饭，亲自送到她们的桌上，给她们赔礼道歉，才把这群客人摆平。新来的服务生，一个晚上都很郁闷。

外行永远只是看热闹，只有内行才可以看出门道来。所有的事，表面上是看不出来的，一切都在暗中进行着。本来，我只知道纽约唐人街的中国餐馆有这样的事，没有想到，美国人自己的餐馆也有这类交易发生。我怎么都想不到外表老实的琼斯，竟然这么有心计，对用得着的人，能以金钱开路；对不顺眼的人，也能毫不心软地跑到老板那里告状。

服务生们不但对经理和厨师处处小心，他们对客人也要多加小心。他们的眼光也很准，什么样的客人给的小费多、什么样的客人给的小费少，她们心里都能猜出一些，对于潜在给小费多的客户，他们服务得会更加卖力，这也符合人的本性。当然即使对那些给钱少的客户，服务生也尽量不得罪，哪点伺候不好了，客人投诉到经理那里，可是要吃不了兜着走的。

第31章
美国饮食界是这样吸引客户的

美国的饭店很注重回头客，每个饭店都有自己吸引客人的招数。去美国饭店吃饭，经常会有一些小小的惊喜。

记得我常去的那家冷饮快餐店经常有各种推销活动。这个冷饮快餐店以冷饮为主打，也有牛肉堡、薯条等其他食物。它的冷饮非常受欢迎，而冷饮是美国最受欢迎的食品，无论是大人孩子，见到冷饮就拔不动腿。

为了吸引人们更加频繁地出入商店，商家采取了不少措施。尤其对孩子，精明的商家深知，抓住了孩子的兴趣，就会抓住大人的钱包。于是，只要见到小孩子进饭店，立刻送孩子们可爱的小玩具。只要孩子开心了，大人的心情自然就会好，服务起来就很顺利了。

玩具并不贵，是一些蜡笔和彩色的卡通图片，还有其他一些孩子们喜欢的玩具。只要孩子们一进商店，就会收到意外的小礼物。

这和我们国内的肯德基相似。我们知道，在国内肯德基餐厅吸引小孩的常用方法就是不断地推出有KFC标记的小玩具，孩子们为了获得小玩具吵着要大人带他们到KFC餐厅。其实在美国，很多饭店都和肯德基一样，给孩子们送有趣的小礼物，礼物不贵，但一定要有趣，把孩子的注意力吸引过来。有的时候，饭店也送一些包装精美、漂亮的甜点给孩子。

不但是冷饮店，其他的饭店也有很多这样的活动。有的饭店为了吸引顾客，设一个免费的甜品吧，陈列一些精致的小甜品，供顾客免费选用。餐馆要抽签，当客人将账单交给服务生的时候，有时候服务生会叫客人抽奖，如果运气好，就会有值得期待的礼物在等待着你。

"请你抽一张，看看你抽到什么。"这个时候，说不定就有意外的惊喜来到，运气好的时候，也许抽到的是一张"今天的饮料是免费的"。那么这个客人饮料的钱就不用再交了。

有的时候抽到的奖品是"你今天的甜点免费"。那么今天的甜点就作为餐厅的礼物送给你了，这是拉住回头客的一种方法，这种方法非常管用。

有一次，我去冷饮店用餐，看见店里摆着一辆很高档的自行车。"这是干什么的？"我问道。

"这是饭店里搞的奖品。抽签，如果抽到的话，就会获得大奖。"

"这么好啊。"虽然有这么大的奖，但是我却一次也没有获得，只能"望奖兴叹"，不过心里确实期待侥幸获奖，要是获奖了会有种自己很幸运的心情。

我的朋友刘夫人的运气就比我好得多，她就遇见过很多意外的惊喜。有一次，她就餐完毕正准备结账离去的时候，餐馆结账的服务生拿出一个封好的信封给她。她打开信封一看，里面写的是"今天点的菜免费"，她非常开心，不花钱，白吃，这样的好事叫她很开心，真是天上掉下馅饼了。

看见别人也有拿到信封的，上面写的是"欢迎再来"，凭此信可享受优惠。不用说，这个客户下次肯定会再次光临。

一家美国餐馆的服务人员在热情洋溢地为顾客庆祝生日。

餐馆外排着长队等待用餐的美国顾客。

如果顾客生日或其他纪念日，有些饭店会提供免费香槟与蛋糕，或者是其他的小礼品。

服务生向顾客送小礼品或者是他们喜欢的纪念品，拉近了饭店与顾客的距离，还可以宣传饭店，真是一举两得。

在美国饭店里吃饭，会发现一个非常有趣的现象，他们菜肴的标价一般都是以0.99或者0.98结尾的，比如说19.98美元、29.99美元。开始遇见这个问题的时候，我感觉只是巧合，可是遇见次数多了，我发现，这是普遍的现象，也是一种促销方式。餐馆对菜肴标价的方法，宁可用19.98元也不用20元，使顾客心理上感觉好一点。

打开美国的收音机，有些台的广告占用了相当大的篇幅，很多时候，广告的内容没有听清楚，但是播音员声嘶力竭地大声喊着"买吧，实在是太便宜了，才19.98、29.99美元，你还有什么犹豫的？"这个时候，我满脑子都是99.99。看来，这一招目前也被很多国内商家学到了。

由于经济的原因，年轻人喜欢去有特色的、价位较低的餐厅用餐，他们是这类餐厅的主要消费群体。所以餐厅很注意去适应这个年龄段的人。有一些饭店的优惠服务非常人性化，也非常受家长的欢迎，尤其是受年轻家长的喜欢。比如说为新爸爸妈妈提供现场看护婴儿的服务。

美国人看孩子很有意思，不像咱们中国那样抱着孩子出门。美国人都有一种专门装婴儿的篮子，里面有枕头，还有给婴儿盖的小被子，婴儿躺在篮子里，就像大玩具一样，被爸爸妈妈随身带着。年轻家长到饭店吃饭的时候，把筐子往餐桌上一放，就开始点餐，正常的时候，那些可爱的小宝宝们瞪着大眼睛，老老实实地在篮子里躺着。

不过有的时候，孩子哭闹起来，也很叫人头疼，这个时候，那些为父母现场看护婴儿以便他们安享晚餐之夜的餐厅就非常受欢迎。对于平日由奶奶带孙子，周末自己带婴儿的年轻夫妇，他们到餐馆用餐，特别需要这种服务。因为他们能获得安静的晚餐，所以他们很喜欢这种提供看护婴儿服务的餐厅。

对于大一些的孩子，餐馆为吸引顾客带儿童来就餐，特别设立儿童游戏区域，有服务员带领孩子做游戏，孩子喜欢这家餐馆，家长就会经常带孩子来用餐。

除此之外，餐馆还经常采用一种最常用的方式吸引顾客——发放25美元礼品券。餐馆发放礼品餐券，如果顾客的消费达到了一定的额度，饭店就会赠送顾客25美元的礼品券。因为美国的西餐正餐消费水平，一般在25美元以下，所以美国的餐馆面额常选用25美元。

美国饭店很懂得销售心理学，每个合格的管理者和服务生都是最好的研究顾客心理的心理学专家。他们推销多了菜品，自己的收入自然也是水涨船高。

于是，饭店里经常会提供混合菜单，菜单设计要符合顾客点菜时的心理。顾客一般会在菜单上的招牌菜中选一至二道菜，然后会选菜单上的较便宜的菜。再选第三、四道菜，这时服务员应推荐价格不高但盈利较高的菜。

把客人伺候好了，服务生接着就会有立竿见影的好处，顾客会给他们不菲的小费。而且饭店这边也给服务生足够的好处。饭店里服务生所推销的营业额都张贴在墙上，对于推销金额大的服务生，经理在下一周的时候，会多给他们一些工作时间，这样收入就会上来了，一举多得。

第32章
在美国发扬光大的中餐

经常看见某个企业这样宣传：我们公司所生产的某个传统的食品，畅销世界五大洲，深受各国人民的喜爱，所以，我们的产品是世界上最受欢迎的产品。

可真的到了美国的超市，你是看不见这个产品的，因为美国人是不会吃他们所不熟悉的食物的，他们只吃平时熟悉的东西，不会为一些没有见过的食物冒险。所以，那些所谓的畅销全球的食物，一般只能在华人超市有售，在美国的华人超市，尤其是在纽约唐人街的华人超市，摆满了国内的食品，什么猪蹄、猪肝，什么淡水鱼、豆腐，应有尽有。来到了这里，几乎就相当于来到了国内某个中等城市，不用说英语，只要会说汉语，就可以包打天下。要是你再有一手好厨艺，过得也会很滋润。

半个世纪前，中国移民背井离乡漂洋过海来到美国，那个时候，他们带来了安身立命的三把刀：厨刀、裁衣剪刀、剃头刀。

目前，这三把刀依旧在美国发扬光大，随着华人经济状况与社会地位的提高，位列三把刀之首的厨刀即中国人开中餐馆的传统在美国与时俱进，随着时代的发展而发扬光大。这些带有家乡口味的食物，缓解了华人的紧张和压力，在美国这个世界民族的大熔炉里，这些具有中国口味的饮食，也加入了很多美国的元素。

在美国的中餐已经不再是传统意义上的中餐了，中国人爱吃，美国人也爱吃，黑人、拉美人乃至各方移民、宾客，都非常喜欢。有人说为了迎合全世界的人，传统的中餐已经被改造得面目全非。但我们从更高的层次上看，改造中餐适应美国的社会和人群，扩大顾客群，这样做并没有什么不好。只有民族的，才是世界的，中餐走向世界的必要条件就是加入更新的元素，新的思路和新的方法。

我就认识几个把中国菜成功引入美国社会的中国厨师，他们做的菜中国人爱吃，美国人同样爱吃。因为他们是在美国生活几十年的资深厨师，熟悉中国人的口味，更熟悉美国人的口味。

　　我有一个姓张的中国朋友，本来在国内的时候，他是一个大学的理工科老师，后来拿到美国的奖学金到了美国。

　　刚到美国的时候，张先生还有奖学金，毕业后，一直没有合适的工作。于是只好又读了博士，这所大学只给他提供半额奖学金，仅够维持最基本的生活，他过得非常艰苦。在最困难的时候，只好靠给学校打扫卫生挣一点儿钱交学费。在关键时刻，他的夫人挺身而出，到中餐馆去打工，挣钱养家糊口。

　　以前到美国的一批中国学生，由于经济条件不好，所以他们的夫人经常出去挣钱养家糊口，支撑老公完成学业，所以很多事业有成的华人，都有一个坚强的后盾。

洛杉矶的一家中国餐厅内景。◎赵涵／摄

张夫人先在一个华人的餐厅做服务生，由于会说很多国内的方言，所以客源非常广。因为当时在美国的华人，来自广东、福建、香港的人占多数，所以华人饭店也主要以这些人作为服务对象。要是服务员只会说普通话，工作起来会非常受限。

　　因为人漂亮、勤快、聪明、嘴甜，所以她的回头客特别多，她每天都招待大量的客人，可以拿到很多很多的小费。她给老板带来了大量的客源，所以老板对她非常客气。

　　张夫人很会给老板推销酒水，也很会为老板推销菜。老板是典型的生意人，精明强干、八面玲珑，对给他带来利润的服务员自然高看一眼。

　　张夫人的老板是厨师出身，继承家业，把家里的绝技也继承下来。中国人喜欢什么口味、中国的南方人喜欢什么口味、中国的北方人喜欢什么口味、美国人喜欢什么口味、韩国人喜欢什么口味、日本人喜欢什么口味、泰国人喜欢什么口味，他全都研究得非常透。

　　因为张夫人为这个饭店出了很大的力，而且又在这里工作了很多年，所以，老板就把自己的一些绝技，传授给了她。以她天生的资质，无论是做中国菜、日本菜、韩国菜、泰国菜、美国菜，她一学就会，而且无所不精。最重要的是，她并不墨守成规，没有感觉老板教她的那些经验就是不可逾越的戒律，而是通过不断改良创新，最终创造自己的风格。

美国街头的中餐馆。

张夫人在这个餐馆工作收入非常可观，她辛苦地工作，工资加上小费足够叫一家人过得非常舒适。在她的帮助下，老公顺利地拿到学位，由于他的专业是最热门的专业，一拿到文凭就找到了高薪的职业，收入颇丰。

老公找到了高薪工作，家里很快就有了别墅住，一家人终于在美国站稳了脚跟，过上了衣食无忧的生活。

张夫人是天生闲不住的人。现在老公发达了，在美国也是富豪以上的收入，生活十分舒适稳定。按照道理像她这么有钱的富豪夫人，不用出去工作，在家里享受清闲即可。但是，她不像那些有钱人家的阔太太一样，有事没有事到处得意扬扬地夸耀自己老公，而是靠自己的本事在社会上立足。

后来她在另外一个城市的繁华街道上，开了一家大型的餐馆。由于她身怀绝技，深知各国人的口味，有着多年的经验，所以，她的饭店很快就顾客盈门。她做的中国菜、日本菜、韩国菜、泰国菜，人们特别喜欢。在她的饭店里，等候的人非常多，有的时候，人们还排起了长队。队伍中有中国人、美国人、日本人、韩国人、泰国人、菲律宾人……

她的饭店之所以这么受欢迎，除了她的灵性以外，还因为她在这个行业里修炼了几十年，对很多菜肴进行了改良，她做的饭菜所有的人都喜欢。

比如说中国的水饺，本来是里面加上酱油、味精、盐，还有其他的调料，但是她做的水饺，就放了另外一些调料。为了叫水饺的销量更好，水饺里很少放酱油，她把肉馅拌好后，除了放置盐、鸡精和味精之外，在调好的肉馅里面加上一些美国人最为喜欢的奶酪，要是不放奶酪的话，就很难抓住美国人的胃，抓不住美国人的胃，就抓不住美国人的钱袋。所以在水饺中放置奶酪，适应美国人的胃口，这是饺子走向美国、走向世界的最关键，也是最为神来的一笔。然后再把这些混合物使劲地搅拌，最终包出水饺。

记得我第一次去张夫人家里就餐的时候，就非常吃惊，因为我第一次见识到这种不中不西、不伦不类的食物。

那次，张夫人邀请我们一起包饺子，我看见她拿出很多的奶酪丝放在饺子馅里，非常吃惊，在我的印象中，奶酪和饺子是不搭界的食物，但是在张夫人这里，这两种食物就搭在一起了。

这还不是最叫我吃惊的地方，最叫我吃惊的地方还在后面，我们把水饺包好后，张夫人拿起饺子下开了，她打开锅盖的时候，我才发现，锅里烧的并不是一锅沸腾的热水，而是一锅油。

原来，张夫人下的饺子并不像咱们国内那样，直接把饺子放置在沸腾的水里煮熟，而是把一个个生饺子，下到沸腾的油锅里炸。

张夫人的做法一下子颠覆了我多年下饺子的经验，好像她炸的不是饺子，而是我对下饺子概念的理解。

没有多久，张夫人捞出熟透了的水饺，只见饺子变得外面焦黄，这个时候，饺子馅也炸透了。

只见这些炸熟的饺子，一个个焦黄焦黄、热气腾腾的，非常引人注目，大老远地就把人给吸引过来，我拿起一个品尝起来，果然味道非常鲜美。

后来我到美国超市里，也发现了这样的水饺，只不过那里卖的同样的饺子，价格不菲。两个包装在一起就好几美元。但是在张夫人的饭店里价格就非常便宜。从那以后，我就经常去张夫人那里吃水饺。

有的时候，我问张夫人："你做的这些放在油锅里炸的水饺，很符合美国人的口味，中国人吃起来也很可口。不过，我有些困惑，这个水饺到底是中国人的水饺，还是美国人的水饺？"

张夫人微微一笑："中国人认为是美国食品，美国人认为是中国食品。这个水饺完全符合美国饮食的特征，是个成功的混搭食品。"

对于中美食物的混搭，争论很大，有人说是一种历史的创造，有人说它是不中不西、不伦不类。但有一点不可否认，在美国，相当一部分的食物都是混搭出来的。

张夫人的混搭食物除了水饺之外，还有很多其他的创造，比如说稀饭。张夫人来自南方，在她的家乡，人们非常喜欢煲汤、煲稀饭，稀饭有很多种类，比如说，排骨稀饭、瘦肉稀饭。但这些都不太适合美国人的口味，于

中餐已经多方位地渗透进了美国人的日常生活，连热门影视作品也不例外。

是，张夫人对流行于中国南方的稀饭进行了大幅度改造。

最重要的一点就是在稀饭里加上各种不同的奶油，具体的步骤就是在锅里放水的时候，根据不同客人的喜好，加上一些奶酪，美国的饮食是奶酪的天下，光我见过、知道名字的奶酪就有好几十种，比如说"西班牙奶酪""法国奶酪""美国奶酪"等。不同的奶酪有不同的口感、有的酸、有的甜，有的酸中带甜。

稀饭里配上不同的奶酪，做出的稀饭，口味自然也有差别。这样的稀饭，美国人非常喜欢，附近的华人也吃得津津有味，大呼过瘾。

当然，初到美国，很多华人还不适应这里的饮食，也有人说喝起这种稀饭，感觉味道怪怪的，很倒胃口。还有人直接就说，这哪里是什么中餐，根本就是怪胎，要多难吃就有多难吃，

不过，什么事情都需要去适应，要是在美国待的时间足够长，有些人就会慢慢熟悉并且适应了这些中餐化的美国食物。

张夫人还在传统日本寿司的基础上加以改良，放上了一些适合美国口味

的调味品，当然奶酪是必不可少的，但是也不能放多，要是放多就腻了，亚洲人就不愿意吃了，同样的料，经过不同的厨师，做出来的味道就是不一样。

张夫人做的泰国饭，配的调料，也加上一些美国的元素，既符合东方人的胃口，又适合美国人的胃口，我感觉她做的泰国饭，最适合咱们国人的口味，这也是我最喜欢吃的一种美国食物。

至于韩国泡菜，经过她的手，更是变得出神入化，妙不可言。

她做的中餐亦中亦西，中西兼顾，无论是中国人还是美国人都喜欢吃。她如果不是在行业里修炼了几十年，对美国人的口味了如指掌，同时也对中国人的口感透彻了解，是想不出来的。

这些烹调方法看似容易，其实能想出来很不容易。在美国，像张夫人做出的这种水饺的销量很不错，因为中国人、美国人都可以接受。

张夫人最绝的手艺是在铁板上炒菜，美国人的饮食中很少烹调青菜，但是张夫人就会这样一手绝活。这个具有亚洲特色的食物，叫美国人非常享受，每次点这个菜的客人极多。

做这个菜需要一个很大的铁板，这个铁板的直径大约有两米，烹制这个菜的厨师在铁板的周围做菜，铁板的火力一定要旺，旺火炒出来的菜才好吃。

做的程序首先是把各种菜先切好，这点很重要，菜的形状大小一定叫人看了有食欲。美国人对食物的外观非常重视，如果食物的外观不好看，他们的购买欲望也会打折。他们先饱眼福，再饱口福。

一般做这个菜的青菜有花椰菜、蘑菇、洋葱、豆腐、西红柿、土豆，还有很多我叫不出名字的美国本土蔬菜。肉食一般是牛肉、鸡肉、虾仁等。最关键的是各种调料的配制，这点是做菜最关键和最核心的地方，在整个饭店里，只有张夫人一个人会配制这种调料，别的厨师只有做助手的份儿，即使叫别的厨师去配制或许他们也配不出这种美妙的味道。

张夫人这种调料在菜快熟的时候，加到菜上，吃起来非常可口，这些调料有很多种类，泰国人一般选择泰国味道的调料、日本人选择日本味道的调料、中国人选择中国味道的调料。菜都一样，不一样的是调料。

张夫人有很多助手，做她的助手绝对不是一件轻松的事情，必须动作极快，因为点这个菜的顾客很多，要是动作慢的话，菜的成色、味道和口感就会受影响。

当然，就像全世界闻名的可口可乐公司保护自己的配方一样，张夫人对调料的配制方法也是守口如瓶，什么都教给了助手，但是唯独调料的配方对她来说是核心机密。

张夫人曾经在美国饭店打工，美国老板就要过她的配方，她没有答应，现在自己开了饭店，她对配方更加守口如瓶了，很多中餐的老板都有这样的配方，正是有了这些绝妙的配方，才会有如此美妙的食物。

吃到张夫人做的具有美国色彩的中国饭，才发现原来美食是一种艺术。在美国推广中国美食是一件愉快的事情，她要让美国人知道，饮食是一个极为深奥的学问，是中华几千年文明的一个组成部分，最好吃的食物来自中国。

第33章
美国自助餐厅趣事多

在美国常吃美国食品，很快就会吃腻的，这个时候，你会突然想起了小时候，在家里经常吃的大饼、稀饭、饺子、鱼香肉丝等中国饭。在异国他乡吃上一顿正宗的中国饭，无论对精神还是对身体都是很大的放松。要是有合适的中餐馆，完全可以满足你的食欲。

初到美国的时候，我认识一家华人自助饭店，那里的规模不大，但是口味不错，中国人爱吃，美国人感觉也不错。

这种自助饭店，在美国华人聚居的地区，近几年来，如同雨后春笋般兴起，有人说这是自助餐潮流，这种自助餐用英语来说就是buffet。

在纽约、休斯敦、洛杉矶、旧金山各大都会区繁华的大街上，这种颇具规模的大型高档自助餐馆数量可观。即使在一些小城市，只要有华人，也可以见到这些自助餐馆的身影，虽然规模不大，但是品种很多。不仅有美国人、中国人，还有其他亚洲国家的人蜂拥而来，大吃特吃。

初到美国的时候，我常去的那家华人自助饭店生意不错，感觉饭店的菜品味道很好。这是一家广东人开的饭店，老板是厨师，老板娘跑堂，里面还雇用了几个小姑娘打杂，不知道是不是他们的什么亲戚。

这里的老板是来自广东的某个村庄，他们村的大部分人都来到了美国。有一次和老板闲聊，他告诉我，在他们那里，很早的时候，男孩子们从小接受的教育就是长大了，到美国做餐饮挣大钱，有钱以后，到了一定的年纪，就回国，用所挣的钱盖房子与享受。

他已经来到这里许多年了，不知道现在他们那里是否还有这样的习惯，不过，近几年大陆的老家依旧源源不断地有新人来到美国开餐厅。

让食客一目了然的自助餐橱窗。◎赵涵/摄

这里的几个中国餐馆几乎都是他们那一片的人开的，既相互帮助又相互竞争。大家都知根知底，很多时候还相互拆台，都说对方的饭店不按照美国的规矩行事，经常给顾客剩菜剩饭。

　　记得有一天晚上，我去一家中餐店吃饭，看见老板娘带着一个小朋友非常可爱。于是就逗小孩子说话，老板娘看见我喜欢她的孩子，也很开心，看着客人不多，便和我聊天。

　　我问道："附近的中餐馆是不是不多？"

　　"除了我们这家之外，还有一家，不过，"老板娘的眼睛转悠了一下说，"不是我多说，那家餐厅你可千万不要去，我是知道他们的，经常把剩菜剩饭留到下一顿卖给客人们吃。"

　　"有这种事吗？"

　　"是的，因为我们原来在国内的时候，就是邻居，我们都认识很多年了，他们一直这么做的"，老板娘一本正经地说道。

　　我无语，只能说这些国内的恶习，漂洋过海，来到美国了。

　　当然，这里最大的优点是口味不错，比较清淡，是我所喜欢的那一类，食物的品种挺多，选择的余地也多，可以说是麻雀虽小，五脏俱全。

　　在这里可以吃到中式炒菜、蟹虾鱼肉，以及烤鸭、寿司、春卷等。

　　因为餐厅比较小，都是他们自己家里的人，即使小费给少的话，他们也不介意。在纽约中国城里的中餐饭店里，要是不给服务员小费的话，后果会非常严重，眼明手快的服务生们绝对不会放过你。

　　有些初到美国的华人不知道这里的规矩，他们绝对会认真地告诉你，即使你走远了，他们会大老远地跑出来，毫不客气地满大街呼唤你，叫你回来把小费给补足。

　　但是这里就没有这样的情况，你随便给点他们就满意，即使不给他们也没有关系，他们在意的是回头客，期待着你吃完这次还会再来，最好下次来的时候，还可以带一些新的朋友过来，因为回头客对小饭店很重要。

　　在我没有发现更合适餐厅的时候，我经常过去，比起美国人的饭店，这里的口味很适合中国人。在这里吃饭，开始感觉不错，但是后来，我发现吃完饭后，肠胃有点儿问题，应该是食物的问题吧。

开始的时候，我没有意识到美国饭店里也会有不新鲜的食品，因为我知道美国的法律非常健全，很少会有人顶风作案。

后来在几个中餐饭店老板之间相互的诋毁中，我才发现，原来他们家里的很多食物并不是吃不完就倒掉，而是放置起来，加工一下，留着第二天接着给客人吃，他们这里的卫生安全是没有什么保障的。虽然每个华人老板都说别人的店不好，自己的店不会有问题，但是我想，其实他们都存在着这样的问题。

美国饮食业让人非常放心，但并不等于说，在美国所有的餐饮商家都让人放心。尤其是在美国的华人餐厅，是一个让人欢喜让人愁的地方。他们在美国文化中是个独立的荒岛，根本不遵守美国人的法律，相反在纽约很多中餐馆使用了大量的非法劳工，整天想着如何逃避美国移民局的检查。

看来中国餐饮业的一些习以为常的观念也漂洋过海，在美国"发扬光大"了。

后来，我的经济条件好了一些，就换了一家华人自助饭店，那是附近一座大城市的自助饭店，规模很大，也很豪华，价格比原来那家饭店稍微贵一些，每位要多交上几美元。

但这里食品的种类远远比小型自助饭店多很多，除了小饭店可以吃到的那些食物之外，在这里还可以吃到更加新鲜和高档的食品，比如说各种现烤牛排乃至北京烤鸭，顾客还可以随意品尝日式料理甚至法式和意大利式大菜。日本菜有日式寿司、生鱼片等；法式大菜有奶酪龙虾、香草熏羊排；意大利菜则有海鲜意面等。

附近还有高档菜肴的菜区，在这里你可以吃到海鲜类中的螺片、鱼翅、鲍鱼、炒龙虾、阿拉斯加蟹脚、生蚝、温哥华大蟹等。其他高档菜式还包括田鸡、乳鸽、牛排、羊排等。

在这里，最叫人称道的就是在国内很少见到的海鲜了，美国的海鲜是纯天

　　一家美国自助餐厅推出的菜品组合，海鲜、汉堡、肉食、奶酪、沙拉、寿司等食物一应俱全。

然的，来自于深海，没有受到人类的污染，吃起来保持最新鲜的味道。美国的海鲜价格之便宜，品种之丰富，个体体积之巨大，在国内是难以想象的。

用句玩笑话来形容美国海鲜体积之大：若说这里吃的海鲜应该属于"爷爷奶奶"的级别，我在国内吃的海鲜至多就算"孙子孙女"的级别。

同样的海产品，在国内是天价，但在美国就是一些很普通的食物。看见满眼丰富多彩的海鲜，真叫人胃口大开。边吃边感慨，美国的海洋资源真是丰富。

最妙的是这里的烤鸭尤其好吃，饭后再来一些具有香港口味的面包和新鲜出炉的糕点、口感美妙的冰激凌、时鲜水果，会让人吃得非常过瘾。

在自助饭店吃饭，你会经常遇见很多有趣的事，很多人因为这里是自助就大吃特吃，直到胃痛，临走的时候还趁着人不注意，顺手牵羊把水果、点心、糖果塞在包里。有的人还拿着水杯，走的时候，盛着满满的一大杯饮料带走。

爱占小便宜，喜欢顺手牵羊，这是人类的弱点和天性。面对自助饭店里丰盛的美食，不动心是不可能的，但是如何面对诱惑，个人的表现都不一样。

华人中爱占小便宜的人有不少，但其他国家里爱占小便宜的人也不见得更少，比如说韩国人、日本人都做过这样的事，印度人绝对不甘心落后，类似的事从来不少做，当然美国人也做得不少。

记得有一次，我和几个朋友一起去自助餐厅吃饭，看见我的一个邻居山本也去吃饭，山本来自日本，在美国学习。他是一个非常开朗英俊的日本人，对人很有礼貌。山本来美国的时间并不长，经常蹭我们的车去超市买东西。这个日本人嘴很甜，我们从

来都不忍心拒绝他，因为平时关系很不错。

由于饭店里人非常多，山本坐的位置离我们又比较远，所以我们也没有打招呼。过了一会儿，我看见山本端回到座位上两大盘子水果。有橘子，也有香蕉，还有其他的一些水果。

山本是个很瘦的人，能吃得了这么多水果吗？我有些奇怪。难道他还要带回去？

只见他环顾四周，看看服务员们在忙着加菜，顾客们都在专心地吃饭聊天，没有人注意到他。于是，他拿起水果，悄悄地塞进放在地上的大背包里，他的动作可以用兵贵神速来形容，只是一转眼的时间，摆在桌子上的两大盘水果已经不见了踪影。

山本又看了一下四周，还是没有人注意到他，这下他放心了，站起来拿着包，镇定自若地走出了饭店，就像什么都没有发生一样。

直把我看得目瞪口呆，原来日本人这么喜欢占小便宜，就这点素质。多亏当时没有和他打招呼，要是真和他打招呼了，因为有熟人在场，他一定会不好意思下手。哎，总不能去坏他的好事吧，虽然我对他的行为感到好笑。

还有一个韩国学生，也做过同样的事，每次她去自助餐厅里吃饭，都带着一个大大的巨无霸水杯，她经常趁人不注意的时候，接上满满一大杯子饮料，放到包里拿走。这个韩国学生是一个很刻苦的学生，晚上经常泡在图书馆里。从自助餐厅里拿走了这么多饮料，晚上可以一边学习，一边喝饮料，感觉会很不错的。

不知道自助餐厅的老板和服务员们知道不知道这些人的行为，也许他们只是睁一只眼闭一只眼吧，这样的事，对他们来讲应该是可以预料到的。或许他们认为，只要别太过分，多少拿一点东西也无所谓，只要下次再来就好。

在美国，我也发现很多爱占小便宜的美国人，记得在美国人开办的饮食公司工作的时候，我认识很多利用课余时间出来工作的学生，有本校的本科生和研究生。

有些同事下班离开饮食公司的时候，顺手牵羊地拿点儿吃的东西，比如说用塑料薄膜包住一些炸鸡、炸鱼还有比萨饼之类的东西，放到随身带着的小手提包里。只要做得巧妙一些，别太过分，同事们见了也装作不知道。

他们刚来的时候，一般都老老实实，不会乱来乱动的。后来在其他元老言传身教的带动下，很快就出师了，有人学得非常牛，生怕盘子里的食物外形受损，直接就把塑料薄膜盖在盛放食物的盘子上，连盘子都端走了。看来，在美国的餐馆中，员工这种不规范的行为是不少的。

这个餐厅的老板对员工拿东西管得不严，几乎所有做好的食物，打烊后就全部倒掉，即使那些精致的小点心，也未能幸免。所以，你拿走东西对老板来讲是无所谓的。但据说有的公司管理就很严格，从来不允许员工私自拿走食物，哪怕是全部的食物都倒掉也不允许拿走，但你可以尽情地大吃特吃。

还有一些美国同事，不在工作的时间，有时候也找个借口到公司里蹭顿饭吃。这还不算，有些主管还把自己的孩子带过来，白吃白喝，真是有权不用枉做官啊。好在美国的资源丰富，餐饮业更是财大气粗，有足够的财力去养活这些家伙。

第34章
中国人坚强的胃与美国人娇贵的胃

由于工作的原因，在美国我认识各行各业的朋友，和他们保持着友好的关系。

俗话说叶落归根，当很多在美国待了大半辈子的华侨，工作也算是事业有成了，孩子也上大学了之时，他们经常有衣锦还乡的打算。

其实衣锦还乡这个想法很多人一出国就有了，只不过年轻的时候，心有余而力不足，被现实拖住，那时孩子小，上学衣食住行都需要照顾，自己的工作需要保住，房贷要还，不敢有丝毫松懈，衣锦还乡只是遥远的、不切实际的幻想。

到了孩子独立的时候，回国的念头又冒出来了，可是很多人却发现，国内和当时他们离开的时候不一样了，他们不知道还能不能回去，并不是他们不想回去，也并不是中国不值得他们留恋，而是很多事情，和当初的计划相比已经发生了很大的变化。

回国的障碍有很多，其中的一个障碍是生活环境的差异，因为他们已经习惯了美国的水土和饮食卫生，只要一回国，肯定会生一场病，不是感冒就是发烧，或者是拉肚子，这还是轻的，重的是两者兼有，再加上一些其他的说不上名字的并发症。

国内的空气对他们也是一种伤害，当然这个还在其次，最让这些海归畏惧的是国内的饮食卫生。他们想的是国内浓浓的亲情和乡情，怕的是国内的食品安全和环境污染问题。

有很多海归之所以归来又走，除了已经不适应国内的人际关系，还有一个原因就是让人担忧的国内食品安全和环境污染状况。

对于中美两国食品安全状况的差异，有比较才有发言权。记得有位旅美国多年的李先生从饮食安全的角度，对中国人和美国人的胃做了一个有趣的诠释，虽然有些偏激，却也有几分道理。

李先生早年来到美国，在美国哈佛大学工作多年，和国内的著名大学也有很多业务关系，李先生非常爱国，在美国的家里悬挂着中国国旗，他的孩子都起着中国风十足的名字：李建国、李黄河。

很多国人到美国的时候，他都给予不小的帮助。现在他退休了，孩子也都成家立业。于是便想着叶落归根，在国内发挥余热。他实在忘记不了国内的家人，还有国内的饮食。尤其过年的时候，妈妈包的饺子的味道永远留在了他的记忆中，无论春节过得怎样，除夕夜的饺子是任何山珍海味都无法替代的年终盛宴。还有家乡的各种美食，从小吃惯什么东西，那记忆就一直会留在身体里面，永远都忘不了那个味儿，无论什么时候再吃，都会觉得好吃，那种好吃难以表达。

他带着美好的梦想，或者说幻想回到了国内，才发现梦想与现实的距离之大，他的胃——那被美国水土和饮食娇惯出来的胃，已经不能适应中国的特殊国情了。

李先生回国没有多久，就病了一场。由于父母早已不在人世，夫人又不会做他想要的食物，所以记忆中的饮食是吃不上了。他的名气很大，所以经常有人邀请他作报告，之后总会出去吃饭，但回来后胃肠感觉很不舒服。

国内的朋友告诉他目前中国食品安全的现状，这叫他闻风丧胆、落荒而逃，何况报纸广播到处都充斥着各种问题食品的大曝光。

他发现目前国内已经不是他所想象的那样了。国人在严酷的环境下修炼出来了功能超强的胃，他对国人的胃叹为观止。他说，国内老百姓的胃越来越强大，以至于国人的胃成了天下最强大的胃，让欧洲人汗颜，让美国人望尘莫及。

有道是：世上本没有路，走的人多了，便成了路。假酒喝多了，顺便也就把胃的功能修炼了出来，下次再遇见假酒的时候，胃的承受能力就大了许多。假酒喝得多了，胃也就习惯了，胃也被修炼得百毒不侵。

有些不法之徒，把老母猪的脖子肉买回来，添加各种各样香气扑鼻的化学调料，做出了世界上最鲜美的包子，叫人百吃不厌。有些火锅、刀削面，加上一些味道鲜美的"毒品"，让人吃了一次，还想再吃第二次，最终对此有了依赖性。

这样的食品，把国人的胃修炼得天下无敌，国人胃的消化能力越发强大。

如今中国市场上一桶一级压榨花生油，要人民币120元左右，大概有4.8公斤，这么贵的油，对于饭店来讲，需要增加很多的成本，按照常理，是挣不了多少钱的。因此，常有良心淡漠的商家觉得只有傻瓜才用这么贵的油做饭给别人吃。

只有把成本降低下来，才会挣钱。饭店对降低成本天生有一套措施，国人聪明的大脑随时都会冒出让人吃惊的发明——地沟油应运而生。很多餐馆里的炒菜用油，都是50公斤左右的大桶油，价格是人民币300多元，和一级压榨花生油相比有如此大的差价，明白人都清楚，这种油质量到底有多低劣，所以，饭店的老板很少吃自己饭店炒出来的菜，要想吃饭另开小灶，换一种油给自己炒菜。

李先生终于明白了，他的同胞们的胃如今是太坚固、太强大了。什么胶面条、皮革奶、镉大米、石蜡锅、毛酱油、药火腿、双氧翅、红心蛋、糖精枣、氟化茶、铝馒头、硫银耳、瘦肉精、纸腐竹、罂粟汤、塑料米、苏丹红、三聚氰胺、增白剂、尿素豆芽菜、无根剂、膨大剂这些在美国他闻所未闻的新鲜名词，像炸弹一样，每时每刻轰炸李先生脆弱的神经。

所以，李先生感叹自己的胃，不能像同胞那样，尽职尽责地消化这些本来不应该由它们消化的东西，害得他非常焦虑，每天只能在家里做些简单的

瞧，这正享用中餐的孩子表情是多么天真与满足，这恰恰代表了一部分美国人对于中餐那由衷的喜爱。

饭菜，聊以糊口。

因为他刚回国，胃还没有修炼好，本来是健壮无比的李先生，回国后，大病没有，小病不断。李先生感觉到自己的胃已经不能适应目前的国情了，在美国，饭店的饮食再不新鲜，也只是食物放置的时间长了一些，却没有这么多有害的化学物质。

虽然对国内的生活非常依恋，但是李先生却对国内的饮食退避三舍，很快又灰溜溜地跑回了美国，此时他才发现，他的叶落归根梦似乎有些遥远了。他不是不想回去，而是回去舒服不了，最起码不能长期定居国内，只能不断飞来飞去。

经过此事，李先生感叹道，相比于中国人，美国人的胃实在是太娇贵了。因为美国有着丰富的资源，所以美国人可以放心地活着，他们的胃也放心地吃着，不会去消化那些本来不该由它们消化的食物。

虽然在国内经历坎坷，李先生的内心深处依旧对中国怀有最深的感情。毕竟，这里才是他的根，他希望国内的一切会越来越好。

第卷

挡不住的"中国风"

第 35 章

华人在美国

美国的华人，大致有四个主要来源——新旧中国城、校园、高科技行业以及其他一些遍布美国各个角落的中餐业从业人员。

旧中国城（老唐人街）的华人，不管他们是什么时期来美国的，大多是移民的第一代，因为这些移民不懂英文，不懂美国文化，所以无法融入主流文化，只能聚集在传统的华人区。

旧中国城的华人最早来自广东沿海（如潮汕和台山地区）或福建沿海（如闽南）一带。旧中国城至今已有大约160年的历史，那里大都非常脏、破、乱、闹。那里的华人多半身材矮小、面黄肌瘦，吃苦耐劳，文化水平有限，大都经营餐馆、洗衣店、杂货店等各种分散型小资本的生意。

这些人中的多数由于不懂英语，所以自成一体，几乎与美国主流社会格格不入。但是他们的宗族观念强，常以某姓氏为亚文化的聚集纽带，重义气，讲究传统的习俗和规矩。他们在西方文明中的融入程度比较有限。

新中国城主要是20世纪七八十年代以来兴起的新型华人社区，以紧邻洛杉矶大都市俗称小台北的蒙特利公园市等几个地区为代表。这些人最初由来自中国港台的新移民组成，20世纪80年代以来，尤其是20世纪90年代以来，来自中国大陆的新移民也越来越多。

这些华人移民在国内的时候，大多数生活比较富裕，他们或原本家底颇丰，或因经济起飞而暴富，或因各种生意而发迹，之后由于各种原因来到美国，他们中有的是来换个环境的，有的是功成名就来享清福的，有的则是来为自己寻找更多的选择，当然也有一部分人雄心勃勃，是来图更大发展的。总之，他们比较富裕、成功，背景复杂，自身素质和教育水平也比较高。

这群人比老移民眼光要远，注重科技，更接近现代化都市的要求。他们经营的生意比老移民更广泛，规模也大得多。由于素质较高，他们比老移民表面上要高雅一些，并有更大的物质欲和更奢侈的享受观。

不少人由于钱财丰厚，住豪宅、开名车，出手阔绰；但也有不少人虽然身家丰厚，却过着低调的生活。他们对美国主流社会的接触面比老移民广泛和深入得多，在美国参政的意识比较强。

校园的华人主要是从中国大陆来美的留学生，比如说20世纪80年代中国改革开放以后来美的大批留学生，也有留美时间不长的所谓小留学生，还有当地华人的下一代。

这一类华人聪明勤奋，大多在理工科、医科等学科领域出类拔萃，多善于考试，但读死书的多，具创造性的少。他们不太热衷社会公益活动，往往给人以书呆子的印象。由于不太注意体育运动，一些人身体不强健，甚至瘦

同当地各族裔小伙伴们一道庆祝中国农历春节的华裔少年。

不同的肤色，同一个家庭。

弱。这群人中相当多的一部分抱有比较现实的功利目的，团队精神不足，相当多的人并不能与美国其他族裔的学生融合在一起。

高科技公司中的华人多是从校园进入职场的华人，他们年长成熟，但分散而自成一体。他们的教育层次高，能熟悉和胜任本专业的工作，但由于文化差异和语言的限制，不少人很难进入高级管理层。相当多的人不能有效地融入主流社会，喜欢单干而不喜欢合作。

在美国的华人非常注重家庭，责任感强，对婚姻忠诚，在美国的华人离婚率非常低，因为他们的家庭观念很强。

华人的心理素质很独特，有很强的坚忍力和克制力，不容易感情用事，变通的能力很强，较容易适应各种社会条件和自然条件。在美国无家可归的流浪者，一般是白人和黑人，几乎找不到华人，因为华人总可以放下身段以求谋生。华人智力优秀，反应敏锐，领悟力高；工作兢兢业业，吃苦耐劳，所以给老板的印象很不错。

华人同胞在美国是最能吃苦的族群，他们能承受最艰苦的工作，尤其在美国唐人街饭店工作的华人，他们的工作环境和工作条件都叫人担忧，在这里有很多华人在异国他乡挣扎求生的血泪故事。

第 36 章
唐人街上的饮食故事

有人的地方就会有中国人，而纽约是全世界人都向往的国际大都会，这里有830多万纽约居民，他们来自世界各地，族裔的融合形成了纽约多元文化的特征，在这个多民族的区域里，自然少不了华人的身影，华人人口在纽约有37万多人，其中四分之三是在美国以外地区出生的移民。

纽约早期的华人移民以广东人为主，多聚居在曼哈顿的中国城，他们是最早来到纽约的中国人。20世纪50年代到80年代，许多受过高等教育的移民来到纽约。20世纪90年代末，大量中国内地新移民来到华人社区，一个曼哈顿中国城显然容纳不下新到来的人口，近些年，在纽约皇后区的法拉盛和布鲁克林区的第八大道又逐渐形成了两个华人社区。

目前在纽约的三个华人社区中，法拉盛社区是发展最快的一个社区，它是中国内地新移民到纽约落脚的首选。居住在法拉盛的华人有一部分是专业人士，更多的是经营小生意或打工的新移民。

法拉盛的名气很大，但是当我真正来到法拉盛的时候，却有一种深深的失落感，与纽约周围那些拔地而起的高楼大厦相比，这里似乎更像中国的一个中等的城市，或者说更像一个小县城。

这个像小县城一般的纽约唐人街，充满了巨大的活力。这种活力来自没有身份、没有余钱，苦苦挣扎着的中国大陆民工群体。这是个复杂的群体，很多人的身后都有超出常人想象的经历。

这里，相当一部分人的教育水平很高，有着辉煌的过去，因为某种机缘迈入美国的大门，为了生活，他们却变得像中国内地北上广的农民工一般。在这里，大家小心翼翼地藏起自己的历史，以一副纽约人的面孔出现在众人的面前。在这里，能租个干净不被打扰的小房间，也是件不容易的事。

走在法拉盛的大街上，有一种恍然如梦的感觉，似乎走在国内的一个还没有发展起来的中小城市。这里到处都是中文招牌，满街全是中餐馆、中国商店和超市，满大街走的都是中国人。偶尔路过的几个美国人，或许你会感觉他们是到中国来旅游的远方贵客，而自己是这里的主人，全然忘记了他们才是本土的人，而自己却是异乡的客人。令人对时间、空间都产生了强烈的错乱感。

这里的住户也像某些国内的居民那样，在住的楼房外面，随处搭建了不少建筑物。在国内的小区里，这些建筑物被称为违章建筑物，你要是随手搭建了这样的建筑物，物业的管理人员会三天两头找你麻烦，直到你把这些建筑物拆除为止。

看来少数华人抢占空间的陋习也漂洋过海来到了美国，真是哪里有华人，哪里就有华人的习惯。当然这样做，对主人有不少的好处，因为利益的驱使，在法拉盛有很多的私人旅馆，多搭建一些建筑物，就意味着可以多出几个房间出租给客人，就意味着每天可以多收入很多的美元。在美国这个金钱社会里，多收入一些美元，这里的华人居民就会有更多的安全感。

在法拉盛住旅馆，并不需要像在美国其他的宾馆那样，需要拿出各种证件，在这里，美元就是最好的通行证，只要你拿出足够的美元，你就是最受欢迎的贵客。当然如果拿不出足够的美元，你就会被拒之门外。

华人喜欢聚居在法拉盛，主要的原因是在这里没有语言的障碍，在心理上有安全感。据说，华人社区的移民中有一半以上的人英语不流利，其中还有很多人根本不懂英文。在我认识的人中，华人医生和华人律师的英语都很不错，一些酒店里跑堂的人，由于在国内的时候属于高级白领，所以他们的英语也不错。

但是也有很多人的英语很不好，有些经营小生意或打工的人，干脆就不会说英语，他们一般很少离开这里，所以英语对他们就不重要了。但是从事餐饮业工作的人，即使不懂英语，他们也会背英语菜肴的名字，因为经常有美国人过来吃饭，为了推销菜肴、多拿小费，他们的英文菜名也会说得很准确。

华人在这里生活非常方便，这个社区自成一体，同时也给新移民创造了许多工作机会，即使你没有美国移民局颁发的工作许可那又能怎么样，这里不需要美国移民局的工作许可，如果你的运气好，就可以在华人开的公司里

车水马龙的唐人街。

找到工作。由华人特有的灵活与变通，似乎美国的很多法律和政策与此处无关。

虽然法拉盛和国内的一般中小城市有差不多的外表，可是国内中小城市人们的生活压力却没有这么大，国内中小城市相对来说生活节奏比较慢，但在法拉盛却不是这样。

身份问题、金钱压力、前途忧虑……很多难题压在这些新来的移民身上。他们在全新的国度里苦苦打拼，但似乎看不见希望，这些中国内地新移民，艰苦工作，却总感到在浪费着宝贵的青春和生命。

这里的不少华人过得非常辛苦，很多人每天工作十几个小时，每周工作六天，甚至七天，挣了钱很少去享受，最多的娱乐就是打打麻将、聚聚餐、看看影碟，或偶尔到赌场试试运气。很多人最大的梦想是拿到美国的绿卡，能够合法地在美国长期居住下去。

我在纽约认识了很多朋友，其中有一个是在纽约开出租车的约翰·唐先生。当时我初到纽约，作为朋友，他开车接待了我，当然按照美国的交友原则，朋友归朋友，账目也要算得清，因为大家同样漂泊在美国，日子都过得不容易，不像国内那样有个稳定的心理和工作。

约翰·唐先生是来到美国的第一代移民，在无意地闲谈中，他告诉我，在国内他曾经读过医学院，毕业后在一家医院工作，收入颇丰，事业有成，一切都是顺风顺水的。

至于怎么来到了美国，中间有什么故事，他却绝口不提。在纽约，是好汉不提当年勇，每个人都有自己不一般的过去，也有未来的计划。即使看上去最一般的人，身后的故事，肯定也很精彩。

约翰·唐先生只谈他到了美国以后的生活。他说，在这里，即使是一个偷渡的移民，只要你不犯法，没有递解令，就没人管你，因为纽约从来不抓非法移民，这里的居民即使没有身份，也能生活下去。

在这个自由的地方，他开始的时候生活非常艰苦，但他却乐观面对。于是便到餐厅打工，后来挣了一笔钱，开始有了自己的公司，公司的业务是从国内进口土特产，他经常和国内的公司打交道。

他的公司最盛的时候，雇了很多人工作。后来由于金融危机，公司遭遇了严重资金问题，资金链断裂，他没有足够的钱去运作他的企业，只好申请破产。

要是当时能遇见贵人拉他一把，借他一笔钱把危机熬过去，他就不会再次沦落到今天这般田地。可惜没有，于是一切又回到了起点。好在他手里还有点闲钱，对纽约也已熟悉，所以便做了出租车司机。有的时候，靠着朋友的介绍，接待一些国内的小型团体参观，要是忙起来，他经常陪着客人忙到半夜，工作压力很大。客居纽约，不安全感随时都有，只有使劲工作，才会暂时忘掉难以挣脱的烦恼。

我耐心听着约翰·唐的故事，既不知道他所讲故事的真实性如何，也不知道他所讲的故事是他自己的，还是别人的，因为在这里，朋友是不问出处和来历的，我只知道他对目前的处境不满，但又安心地乐天知命。

他每天工作到很晚，在约翰·唐的眼睛里，纽约是世界上最好的地方，纽约的饭菜也是世界上最好吃的饭菜了。

记得刚到唐人街的那个晚上，约翰·唐得意扬扬地对我说道，他要邀请我去吃一个菜，保证让我吃了一次忘不了。

到了美国后，吃腻了美国的饭菜，来到了这个和国内县城类似的地方，见到了这么多陌生而又熟悉的中国人，又遇见了一个健谈风趣的中国男士，邀请我去吃家乡饭，我的兴致立刻被他提起来，于是便跟着他去了。当然去之前，我声明由我结账，唐先生当然是一口答应，丝毫没有拒绝的意思。

我们很快就来到了纽约法拉盛的一个中餐馆里，这个饭店的规模也就相当于国内小县城的一个中等规模的饭店，满屋子里跑的都是中国人，从外貌上看，有中年人，也有年轻人，不知道那些中年人是不是传说中的偷渡者？

还有那个被唐先生称为老板的南方人，会不会也是以前的偷渡者，后来有积蓄了，找律师花一笔钱拿到了美国的绿卡？

要是在国内，我只关心饭菜，可是现在我在美国最大的华人居住区，便留心观察着周围的跑堂者，他们忙得满头大汗，对客人非常客气，伺候得很到位。

既然事先声明了由我结账，于是约翰·唐便开始向我推荐这里的菜，原来他向我推荐的菜竟然是一只炖鸡。在国内的时候，我是个美食家，国内大小饭店算是常客了，享受到了各种美味，这个风味炖鸡，我早已看不上眼。

但是面对着唐先生的盛情邀请，我实在不好意思拒绝，只好点下这个菜，又在唐先生的推荐下，点了其他的菜。

风味炖鸡上来以后，我随便尝了几口，说实话，远远不如国内饭店里做得好，但是唐先生却吃得津津有味，满口生香，最后连汤都喝了大半。

但是其他的几个菜确实不错，虽然不是正宗的家乡口味，但是能在美国吃到这样的中国菜，我已经很满足了，要是在美国的其他城市，是不敢想象的。

临走的时候，我拿出小费，唐先生一再叮嘱我，千万不要掏得太少，否则他的朋友看见我掏钱少了，会认为他介绍了一个小气的客人。

啊？原来唐先生是给他的朋友拉客，我心里突然悟到。记得有朋友告诉我，司机帮助餐馆老板拉到吃饭的客人，饭店老板会给他们一定的提成，没准客人给的小费也会有分成。

他还炫耀在华人饭店吃饭的经历，那次他去饭店里吃饭，老板问他是不是导游，他笑笑没有回答。到了结账的时候，老板竟然没有收他的钱，还递给他一张名片，说这次的餐费免收，就当交朋友了，请他以后带团的时候，一定领着客人到这里吃饭，多多照顾饭店的生意，他会从相应收入中拿出一部分钱作为报酬。

朋友问他是不是他英俊的外表，给老板一种能力超强的印象？我们都笑了。

哪里有商人，哪里就有陷阱和"托"的存在。看来这个唐先生也是个"托"。熟人和朋友之间好下手，这个原理也随着华人走出了国门，到美国法拉盛的唐人街上发扬光大了。

心里这么想着，但嘴上也不好说出来，唐先生帮了我不少忙，感谢他也是应该的，只好拿出了比预想多出不少的小费。那个跑堂的中年人，接到小费后万分感激，唐先生也很有面子，因为没有从他的腰包里掏钱，还可以两面通吃。

走出饭店后，唐先生告诉我，刚才那个跑堂的，在国内时可是个有实权、有地位的人，但是关于那个人为什么来到这里，他没有多说。

从唐先生的谈吐和待人处事的方式上看，感觉他目前的生活水平不算高，甚至属于下层的水平。唐先生自己却说，他的生活在法拉盛的平民中属于中等水平。我想要是当初唐先生不到美国来，以他的能力在国内发展的话，生活水平会远远高于他目前在纽约法拉盛。而且在国内，像他这种受过良好教育的知识分子，一般会从事体面、收入高的工作，出租车司机的职业绝对和他无缘。

在国内，像唐先生这样的人，一般都不会是他现在这样的一身朴素打扮。如果唐先生不开口说话，我真以为他是刚从中国南方过来的偷渡者。时势造英雄，环境把唐先生造成了一个乐天知命的出租车司机，他告诉我他目前的计划就是挣钱后，再买几辆车，然后把规模搞大，多挣钱，总之，三句话离不开美元。

既然他选择来到这里，就再也没有回头的路了，唐先生告诉我，他经常和国内的父亲联系。他爸爸是国内离休的老干部，现在年事已高，所以唐先生从来不

一条唐人街，浓浓华夏情。

和父亲谈他在美国的具体职业，因为国内老人的思维和这里完全不一样，说多了，国内的人也理解不了，所以他和父亲谈到更多的是健康和日常的生活。

当然唐先生自称也是有精神追求的人，"位卑未敢忘忧国"，他开了个博客，大谈民主自由。他说，虽然在唐人街的生活很穷、很辛苦，但是有自由。至于他眼里的自由是什么？唐先生并没有说清楚。不过，他对国内的事似乎了如指掌。

唐先生有一个女朋友，两个人只是住在一起，但没有结婚。两个人每天都努力工作，休息得很晚。在接待我的同时，唐先生还不忘记帮助他的女朋友推销保健品，是营养鱼肝油。

"这是所有华人都喜欢吃的，你知道吧，现在有钱人都吃，我送给你一瓶。"

"谢谢。"看见唐先生送的礼物，我也不客气，拿到手上仔细地看起来。

"这瓶非常便宜，给别人30美元，但是咱们是好朋友，给你也就28美元，你看我够意思吧？"

原来是这样，明明是推销，还说是送给我，有这么干的吗？美国最好的鱼肝油，根本不是你这个牌子的，当我是傻瓜？你这个明明是杂牌子，还在那里狸猫换太子，骗谁？况且有钱人吃的东西就是好东西吗？

"对了，我想起来，我不喜欢鱼肝油的味道，吃了有些过敏。"我装作想起什么来，把鱼肝油又放到唐先生的手里。

"真遗憾啊。"虽然被我拒绝了，但是唐先生也丝毫没有丢面子的感觉。看来在唐先生眼里，被人拒绝不是一件什么难为情的事，因为他已经不止一次被拒绝。

他们的收入算是不错的，但是消费不多，和多数华人一样，他把所挣的钱大部分积攒起来，因为他没有安全感，不知道明天会发生什么事，把钱存在银行里，每天看着数字的增长，会有一种成就感。

第 37 章

美国华人餐馆遍地开花

日本人说，有路的地方必有丰田车。

中国人说，有人的地方就有中国人。

厨师说，有人的地方必有中餐馆。

在美国，无论在繁华的曼哈顿还是在偏远小镇，人们随时都会看到中餐馆。中餐馆，在美国各个州随处可见，遍地开花。

早期来到美国的华人手中拿着三把刀，其中的一把刀是菜刀。所以说开中餐馆是早期华人来美的一种生存手段。即使现在，很多福建、广东来到美

时下在美国知名度颇高的中式快餐连锁店——"熊猫快餐"。

国的移民还把开菜馆作为原始积累阶段的主要经济来源。无论你喜不喜欢中餐馆、中餐馆的生存状态如何，他都为来美的华人提供了生存之路。尤其是福建的移民，每年就从这些大大小小的餐馆，寄出成千上万的美元回中国，国内的人们用这些钱，修建了无数希望小学、无数老人中心。

早年有很多广东移民开的菜馆，那个时候，菜的味道都是广东味。后来福建大批移民来到，其中有些人是偷渡过来的。他们当初在家乡借债几万美元，被蛇头带到美国。来到美国后，便隐身在菜馆里，不敢离开这里一步，吃住都免费，大伙老乡在一起，有个照应，一星期上班至少六天，有些甚至七天，当牛做马还债。我就认识一个偷渡客，来到美国十多年了，一心只想着挣钱、存钱，这么长的时间了，几乎也没有离开过酒店一步，至于看看餐馆之外的世界，在他的脑子里，想都没有想过。他所有的事情就是挣钱，然后再把钱邮寄回到国内，供老婆孩子花费。至于老婆有没有红杏出墙，这就不在他的考虑范围之内了。

这些偷渡客们在美国打工，过了两三年还清债务后，便开始存钱。然后买菜馆自己当老板，由于他们属于小本经营，所以很多中餐馆规模都小，一般只有几张桌子，两三个工作人员。一般是全家人一起，以家庭档或者夫妻档的形式经营，先生当大厨，妻子当服务员，孩子收钱或者兼职送外卖，还另外请几个送外卖的。中餐馆以送外卖而大受欢迎。送外卖和当大厨不懂英语也没有关系，因为他不需要和外界有过多的交流。

第一批来到美国的中国留学生，由于身份的原因，一般没有机会到美国公司合法地工作，所以勤工俭学的时候，大部分时间都泡在了中餐馆里打工，赚学费。

由于餐厅的老板也是小本生意，所以他们对员工很苛刻，在这里工作时间非常长，而且不是一般的忙碌。作为打工者，在中餐厅里所经受的酸甜苦辣只有自己知道。当然有些留学生发现在中餐厅打工，收入也够糊口了，便放弃了读书，一心只忙着打工，所以有些留学生没有拿到学位，并不是在学习上遇见什么困难，而是挣钱上瘾了。有些留学生，从中看到了商机，开始批发蔬菜、肉类等食物，把自己的生意越做越大。

在中餐馆里，一般大厨的月收入是2000～3000美元，服务人员1500～2000美元，工作时间很长，所以吃住都在餐馆里。很多人没有身份，不用报税，花费也不多，每个月几乎都可以剩下1000～2000美元寄回家乡。很多人吃几年苦，在美国当劳动力，打上几年的工，挣上一大笔的美元，就回到家乡养老去了。我遇见几个南方偷渡客，他们告诉我，人生计划是在40岁以前努力工作存钱，过了40岁后，就可以回国用前半生的积蓄过舒服日子了。

当然，很多人并不是永远以开餐馆为生。在美国定居的华人，第一代移民付出辛苦劳动，开餐馆赚钱，然后继续开大或者开连锁店。他们积累了一大笔原始资金以后，开始重视孩子的教育问题，要是有足够的经济基础，他们会让自己的孩子接受正规的或者良好的教育。

所以不少第二代旅美华人，会进入哈佛等这类美国一流的名校去读书，将来毕业后，在社会上从事医生、律师等职业，甚至当政府官员，最终融入美国主流生活。

这些繁荣的中餐馆，也让美国人最直接地感受到了中国的文化。它不但给美国人的生活提供了方便，也繁荣了很多相关产业，如餐馆用具和设施的生产行业，餐馆的装修行业，酒业、超市、种植业、养鸡场、海鲜等行业，甚至影响到美国人的婚宴业，同时也为美国提供了大量的就业机会。

美国的中餐馆和中国的餐馆当然是无法相提并论的，不管从规模还是装修、菜品，美国的中餐馆一

般情况下都差很远。很多中餐馆弄出来的中国菜已经不地道了，入乡随俗，一般被尊称为"美国中国菜"。

美国中餐馆的饭菜很多已经美国化了，但美国人来吃时还将其继续美国化。譬如喝茶，美国人就当成了喝咖啡，拿着装糖的瓶子晃个不停，一个劲地往里面加糖。真不知道他们要在茶里加上多少糖，才会满意。最要命的是，由于他们加糖加得太多，茶叶的味道就彻底被糖的甜味给掩盖了。最终也不知道美国人喝的是茶水，还是糖水。

还有甜酸酱，也是吃开胃点心时少不了的。美国人偏胖的居多，为了控制体重，很多人点菜时都要求不放油或只要低脂肪的white chicken（白鸡肉，也就是鸡胸肉）而非black chicken（黑鸡肉，也就是鸡腿肉），要求炒菜时不放味精的也很多，还有的顾客要求不放任何调料，将肉、青菜清蒸了吃。

虽然他们想控制体重，但是他们的饮食习惯不改，他们不去控制胃口，

一家"熊猫快餐"连锁店内景。

想控制体重谈何容易啊。

中餐馆在美国虽有百年历史，但近10年发展迅速，不仅是数量，规模也远非10年前的"夫妻档"可比。其实美国人对中餐的接受程度相当普遍，从北京烤鸭到四川麻辣烫，从芝麻汤圆到小笼蒸包都有人喜欢。

目前在美国的中餐馆，有些规模很大，可以同时容纳1500多人，也是不少政客筹款、人们办婚礼的地方，店主以广东、福建的老板为主。近几年，中餐馆的规模越开越大，装修越来越高档。

据说，中餐刚开始来到美国的时候，它的地位很高，就像当初西餐进入中国时一样，很贵。而且，请客吃中餐，是一种身份的象征。但是现在，中国来的移民越来越多，竞争越来越大，无论美国人多么喜欢，中国人多么自豪，中餐在美国的现状却不容回避——它的主要定位已经变成了一种廉价的异域风味。在纽约，差不多两个汉堡包的钱就可以吃一顿有菜有肉、有汤有饭的中餐了。中国餐馆廉价的劳动力还带来了中餐低廉的价格，就像美国百姓生活中离不开"made in China"一样，价廉物美是主要原因。

很多美国人对中餐很有兴趣，我认识一个卖汽车保险的妇女琼斯，她是一个非常和善的中年人，琼斯长相不错，但却非常胖，她的胖不是咱们中国人意义上的胖，中国的胖人到了美国，只能算小巫见大巫。美国胖人的胖可以用壮观来形容。由于胖，所以她的胃口奇好，以致对来自世界各地的美食都有一番研究，虽然他们认为最好吃的还是美国菜，但并不妨碍她隔三岔五地去吃中餐。

琼斯对当地的中餐馆了如指掌，研究很深，我刚到那个城市，为我的汽车买保险的时候认识了琼斯，没有想到她成了我品尝当地中餐馆美食的师傅，她如数家珍地把当地几个中餐馆点评了一下，最后告诉我一家她最喜欢去的中餐馆，那是个自助餐馆，我去了以后，发现果然名不虚传，于是，在琼斯的带动之下，我也成了那家中餐馆的常客。

后来琼斯又介绍给我附近几个城市的中餐馆，我一去果然都不错，看来很多美国人对中餐馆的研究也很深。

要说中餐馆在美国有多大的功劳得从多方面看，对到美国的华人华侨来说，既解决了生计，是赚钱的工具，又弘扬了中国文化；对美国人来说既饱了口福，又节约了时间和钱。

另外，美国满大街都是日本餐馆的广告，其实这些餐馆并不是日本人所开的，很多都是中国人开设的。但是由于日本菜精细，所以它的价格也比中国菜高。

对此琼斯是很有经验的，她说她经常去吃的那几个日本餐厅的老板其实都是中国人，她感觉这几家日本餐馆，价位比较贵，比在中餐馆要多花将近一倍的钱，但是口味却相差不大，因为有几家老板开始的时候，是做的中餐，到了后来的时候，慢慢地转换成了做日本餐了，因为日本餐馆的老板挣钱一般比中餐馆多一些。

当然附近也有几家韩国餐馆其实也是中国人开的，据琼斯说，韩国餐馆的老板挣钱也比中餐馆多不少，但是菜的口味却未必比中餐馆强到哪里去。

琼斯的话代表了当地城市美国人的观点，中餐馆由于开的太多了，所以竞争非常激烈，相互之间杀价，不过也把自己的价位和信誉给弄低了。

现在也有不少中国餐馆的菜味道相对地道，尤其是在华人社区，你可以找到任何口味的餐馆。在那里，如果口味不地道，人们就不喜欢。生意自然也不好做。只是要想彻彻底底地感受家乡的口味，就不是很容易了。

即使中餐馆的老板自称自己的口味最地道，但是毕竟大多数都是南方人开的，北方的菜肴在他们那里多少被改变了口味，即使那些辣的、咸的菜也变得淡了、甜了。有些菜反倒似乎是被改变得更加好吃了。

很多第一代移民，早期的奋斗历史，都打上了中餐馆的烙印。过了这个阶段，熟悉了周围的环境后，有些人便可以找到不错的校园工作，比如说助教之类的工作，后期便可以靠着每个月几百美元的助教收入生活，从餐馆里脱离出来。

有些比较高档的中餐馆在当地还算是不错的。在美国，衡量餐馆档次的一个标准是看它有没有烈酒牌照。在美国，不是所有的餐馆都可以卖烈性酒的。如果申请不到可以卖烈性酒的牌照，那就只能卖饮料和啤酒。当然，卖啤酒也要有牌照，只是相对来说容易申请得多。

有了烈酒牌照，餐馆就可以卖酒精度高的酒了。我们常说的白兰地、威士忌、朗姆酒、伏特加是基本的，最主要的，是用它们可以调出各式各样的鸡尾酒来。调一杯鸡尾酒，只要些许几种烈酒，加以其他辅料就行了，真可以说是一本万利。加上酒的种类多了，可以吸引更多的顾客，所以，餐馆都希望能卖烈酒。有了这个烈酒经营资格，收入会增加很多。

第 38 章

混迹于餐馆的女精英

人是万物之灵，适者生存的道理大家都知道，只有放下架子，才能从零开始新的生活。人为了生存，就要能屈能伸。

美国的华人饭店，里面的从业人员可以用藏龙卧虎来形容，有很多在国内事业有成之士，比如说大学教授、政府官员、医生、商人等，这些在国内过得不错的人，因为各种原因迁居到美国。但找到合适的工作都需要一定的时间，所以他们初到美国后，因为经济紧张，一时又没有合适的工作，为了生存，他们便从最基本的工作开始，他们中很多人都有在中餐馆工作的经历。

美国华人餐厅招收工作人员，不问出身和来历，因此很多打工的人的身后都有很多曲折的故事。说美国到处是精英真的不假，在这些端盘子、跑堂，不畏艰苦到处跑来跑去送外卖的人里，不乏昔日的博士、教授还有医生和政府官员。不但他们自己受苦，还把夫人也搭进去受苦。在美国，有相当一批华人夫人拼命工作，承受了她们在国内所不敢想象的艰辛，为了家庭苦苦支撑。

当然，这些女人的老公也并不是什么等闲之辈。他们在国内的时候，都是一些白领阶层的人物，之所以来到美国大多数是因为申请到了奖学金，或者得到了一些资助，当然那些获得很高奖学金的老公，足够家人过得不错，他们的夫人出去工作也就不需要太辛苦，但是很多人却没有足够花的美元，所以，夫人还是需要努力工作去养家。

这些人很多都有留在美国不回家的计划，所以即使奖学金不错，夫人也有必要出去打工，因为将来在美国还要长期地生活，没有足够的经济实力，心理上是不会有任何安全感的。

刘元就是这群夫人中的一位，当时她非常年轻，在国内的职业是教师。她的老公申请到了美国一所大学的奖学金，学的是比较热门的专业，据说这个专业将来毕业后，可以找到很不错的工作，于是她怀着到美国挣大钱的想法，毫不犹豫地辞职走了，跟随着丈夫不远万里来到了美国。

刘元在国内的经济条件还算是比较宽裕的，临走的时候，她带上所有的家当，筹足了6000美元，这算是一笔相当大的数目了。

在美国餐馆从事服务工作的华人女子。

但是到了美国以后，却发现这笔钱真是杯水车薪啊，老公虽然说有奖学金，但只不过是个半奖，所以还是要交将近3000美元的学费，再加上各类保险以及其他的杂费后，身上的积蓄已经用去了大半，再加上每月的房租和押金，买一些必需的生活用品的开销，口袋里就没有多少存款了。想想手头很紧，刘元心里很不踏实，恐惧的感觉随之而来，总不能坐吃山空吧。本来就远离故乡，心里很恐慌，现在又没有钱，真是雪上加霜，怎么办？

好在天无绝人之路，一个早她几年的留学生给她指了一条路，出去工作。由于她是以学生家属的身份来到美国，按照美国的法律规定，她是不能出去工作的。首先美国的公司是不会违犯法律雇用一个外国人，如果雇用了她，美国老板就惨了，会被罚一笔款，公司也会倒霉。

即使美国有老板雇用她了，美国的警察也不会饶恕她，如果有人告发她，她就会受到严惩。

要挣钱，只有一条路可以走，那就是去中餐馆工作，这是多数新移民都会经历的一段人生。虽然大家都知道中餐馆老板对员工非常小气，对员工很苛刻，一刻也不想让员工清闲，总会找到很多工作给员工去做。

但是，如果不去做这样的工作，只有被饿死一条路了。虽然在中餐馆工作非常辛苦，但是如果干好了，受到客人的欢迎，拿到的小费也非常多，足够家里人的日常开销，而且还会有不少的结余。

当然万事开头难，每个行业都有自己的艰辛，要做好服务生必须先经过培训，才能够正式上岗。刘元在国内可是人类灵魂工程师，走到哪里都受到人们的尊重。现在刘元却成了美国餐饮业大军中的一员，专注于研究如何伺候好客人，研究不同客人的不同心理，以便获得尽可能多的小费。

跑堂的工作确实很艰辛，工作起来需要马不停蹄地跑，一会儿给客人端汤，一会儿给客人倒可乐，这桌盘碗还没收，那桌又要结账，中午还要清洗餐台，给饮料加水加冰，再去厨房将洗过的盘子端出来。跑来跑去的，一天下来，胳膊又疼又酸，脚也肿得老高。但是却没有多少小费。

晚上回家后累得半死不活，但是第二天依旧爬起身来跑到这里继续干活，有苦也要咽进肚子里，打肿脸也要充胖子。

当然时间长了，工作干顺手了，也就慢慢习惯了。每天晚上一身疲倦地跑到家里，所做的第一件事就是掏出一天挣的小费数一数有多少。然后整整齐齐按照面额摆成一摞。这个时候，是刘元最开心的时候，所有的劳苦全部消失。随着时间的流逝，刘元的工作越来越顺手。凭借她的聪明机灵和吃苦耐劳的精神，她的工作渐入佳境，回头客越来越多，老顾客点的菜也比较多，所以老板对她也越发器重，给她的工作机会越来越多，她的干劲也越来越大。最后一个月下来，她也能挣个2000多美元了，家里的生活水平随着她的收入也越来越好。

每个月除了房租生活费以外，还有不少的结余，老公可以高枕无忧，专心读书了，小日子越过越火红，老公经常夸她有旺夫相，与她恩爱有加。

当然其中的苦，只有她自己知道。不小心打破盘子，被老板指着鼻子臭骂，回家垂泪一场，次日早晨还是出现在餐厅里；被锅给烫伤，胳膊满是水疱，包上纱布第二天照样去打工；忍受过客人的无礼和刁难，气得火冒三丈也不能发作，但她都承受了下来。时间长了，她学会看客人的眼色行事，也知道哪些客人比较大方，可以多给点小费，更知道了哪些客人是铁公鸡一毛不拔。

很快，她用自己打工的钱为老公买了一辆旧车，先生先考取了驾驶执照。毕业后，狂发简历，然后开着车到处去面试。很快她的老公找到了一个高薪的全职工作，收入可观，她们全家也算是过上了相对舒适的生活，她终于也可以不用出去做这么辛苦的工作了。于是也走进了美国的大学，开始了自己的学习之路，她选择了一个热门专业，计划着毕业后也找一份体面的工作。

时间过得真快，转眼几十年过去了，目前她在美国过得非常开心舒适。老公的工作非常稳定，薪水很高，还有假期。她大学毕业后，有了孩子，便一直在家里养育两个孩子，如今两个孩子都已经大学毕业了，找到了不错的工作，各自成家，她也有了清闲的兼职工作。和早年为了养家而工作不同，刘元如今是为了心情舒适才去工作。她经常全世界各地旅游，有时间后也经常回国走走，有种苦尽甘来的感觉。

"现在回想当年最艰苦的生活，既有些留恋，又有一些不堪回首。但是无论如何再把当年的事情经历一遍，想想真是心有余而力不足。"

刘元只不过是早期留学生夫人的一个缩影，很多留学生夫人都有这样的经历，先生上学，太太打工维持生活。不要小瞧这些夫人们，她们在国内都有很好的工作，比如说是政府官员、医生、老师。但是识时务者为俊杰，到了美国后，生存变成第一要紧的大事后，便毫不犹豫地放下架子，摇身变成了跑堂者。

正是由于这些高级的跑堂者的付出，她们的老公才可以顺利地完成学业，拿到毕业证，找到合适的工作。如果没有这群夫人们艰辛地工作，她们的老公很难有功成名就的那一天。

第 39 章
去留得失间的对与错，又有谁能分清？

在美国的华人，有很多腰缠万贯的，但也有处境不尽如人意的在过着艰辛的生活。在美国，要是没有足够的经济实力，也没有过硬的技术和良好的机遇，生活会过得非常辛苦。

初到美国，要是没有在美国移民局拿到工作许可和社会安全号码，就无法到美国公司工作，即使是在美国人开的餐厅工作也不允许。在美国餐厅工作，工资高，可以享受到美国劳工法所规定的所有权利，还享有各种保险，比如一周中老板给你的工作时间超过了国家规定的时间，那他必须给你按照加班时间支付加班报酬，如果老板胆敢违犯劳动法，你可以告他，后果将不堪设想，所以美国的老板一般不会对员工太苛刻。

很多非法滞留在美国的华人，因为没合法身份，不能到正式的美国公司里工作，不能享受到任何美国公民的权利。为了生存，只能去不要求证件的中餐馆工作，那里也许是美国劳动强度最大的地方，在美国公司工作可以享受到的任何待遇，在这里连想也不要想。工作与心理压力之大，可想而知。

在这种地方工作，首先工资很低，其次劳动时间很长，一天工作10个小时，甚至12个小时。其间又苦又累几乎一刻都不能闲。新来的人，往往还会被人欺负、辱骂，没有任何尊严。华人老板也不容易，都是小本生意，为了使利润最大化，他们是不会出钱养闲人的。

在华人餐厅里的工作人员鱼龙混杂、两极分化：有一类是真正以这里的工作为职业，踏踏实实地干一辈子的人；还有一类是把这里暂时作为安身之处，有了一定积蓄后，马上头也不回地走掉的人。

我认识一个在饭店工作的中年妇女，我们都称她为李夫人，形象很有书卷气，虽然已不年轻，但背影依旧苗条动人，两个孩子去上大学了，家里只有她和老公两个人。

这家中餐馆的内部布置堪称中西合璧、相得益彰。

她很和善，对谁都客客气气的，对领班的训话言听计从，从来不敢反斥。有的时候，上司说话很严厉，她也只好忍气吞声，脸上仍带着笑，但我感到她的心里肯定不高兴。

这样一个普通的人，来到美国很多年了，在人群中非常不显眼，但当年在国内的时候，她也算是个人物。她来自北京，国内某重点大学毕业后，分配到了中央一个重要的部委工作。她对工作和事业很投入，婚姻大事一直没有解决，后来，由父母做媒，与从小一起长大的伙伴成家。她的老公结婚后就去了美国，读完博士，在美国找到工作，事业发展得很成功，做到了终身教授。

为了家庭，她只好抛弃国内前途不可限量的事业，追随老公来到美国。

来到美国后，她和老公团聚了，家庭稳定，可是事业却没有了。巨大的落差让她产生了强烈的痛苦，她很快地从失落中走出来，努力从零开始寻求新生活。重新开始读本科，毕业后，她到一家大公司工作，有了经济来源，重新在

为了控制成本、从优进货，起早贪黑、四处比价的华人店员。

社会上找到位置，十几年过去了，由于近期经济危机的影响，她工作的公司倒闭了。

这时，她的两个孩子已经成家，搬出去住了，老公工作也很忙。工作这么多年，她不想在家里闲着，可又没有合适的工作去做，只能到餐厅里打杂。

有时她和我发牢骚，在国内的那些同事，基本上都已是权重一时的大人物了，那些比她晚到单位很久的小字辈，如今也在国内如鱼得水。很多人都派到美国或者别的什么国家工作或生活一段时间，回国后都被重用了。她当年来美国的时候，国内还很穷，大家非常羡慕她，都觉得她过上了幸福的生活，她也在众人艳羡的目光中走出了国门。如今20多年过去，国内飞速发展，有了巨大变化，而她如今的事业却遇到了挫折和坎坷。

初到餐厅，被领班支使来支使去，她嘴上不说心里也气得够呛。她可是一个当年在国内被人前呼后拥的大人物，不料十年河东十年河西，如今变成了这样。虽然她来美国以后也在一刻不停地奋斗，努力寻找自己的位置，但却一直没有达到满意的高度。

她告诉我，她的很多朋友，当年出不去国，在国内倒是赶上好时候了，有下海经商的，有升官发财的。在国内经济腾飞的这几年，一个个都混得蒸蒸日上，春风得意，虽然忙得昏天暗地的，口袋里却都装着鼓鼓囊囊的钱，住的都是大房子，在社会上算是精英。

"哎，人生就是一场梦，其实当年我比他们阔多了，要是当年不出国，凭我的能力，随便也能到个部级或者是司级领导，随便一混也比他们强百倍、千倍"，她经常这么对我调侃。可是，大家都知道，人生没有那么多的如果，也不可能重来一遍。

高官和饭店打杂，在某种意义上来讲，其实只不过是一念之差。

李夫人对在美国的处境很不满意，但有很多人却感觉华人饭店是他们的衣食父母，他们不远万里，漂洋过海，只是为了来到饭店淘金，赚到数目可观的美元。

有很多人终生在此安身，在美国待了几十年，却连唐人街都没有走出去，天天泡在这里，几十年如一日，挣到的钱，全部邮寄回国内，最终却落得妻离子散的结局。

我就认识一个张先生，这个外表看似普通的人，实际上是传说中的偷渡客，花了几万美元顶着别人的名字跑到美国的。

第一次见到这样的人，感觉非常惊讶，但在唐人街上这样的人还很多。

张先生在纽约法拉盛一家比较大的中国餐厅里做厨师。他对于自己的收入十分满意，因为他已经在美国待了十二年，在那家餐厅里也工作了大约有十年，对于业务已经熟悉得无以复加，每天都重复着几乎同样的工作。即使是闭着眼睛，都可以把自己的工作做得很好。

他刚去的时候，一无所有，不认识任何人，拼命地到处去找工作，后来在职业介绍所找到了一份餐厅的工作。

刚开始的时候，给人家打下手，后来渐渐时间长了，就摸出了门道，学了不少手艺，慢慢地就成为一个厨师。由于他是一个人来的美国，老婆孩子都在国内，他就在美国享受起了单身贵族的生活。

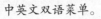
中英文双语菜单。

据说，有人直接将点心"驴打滚"的英语菜名翻译为"翻滚着的毛驴"，不知点这道菜的美国顾客做何感想。

后来，处境改善了，他还是觉得反正闲着也是闲着，不如多做工作。他每天都工作十几个小时，一个星期几乎所有的时间都在工作，吃住全在酒店里面，从来都没有走出过唐人街，也没有见识到真正的美国。

他挣钱心切，特别投入地为老板工作，老板也很喜欢他，而且老板和他脾气相合，两个人很谈得来。老板给了他很高的工资，他过得很勤俭，几乎不怎么花钱，把大部分的钱汇给自己的老婆，因为家里有儿子和女儿，他们需要钱。尤其是自己的老婆很不容易，又要工作，又要支撑着家。

时间过得倒也是快，一晃十多年就过去了，他来美国的时候28岁，现在已经40岁了，人生最好的时光，拿出了十多年奉献给了美国。

本来，他想着两个人就这么分居的生活其实也可以将就下去，家在他的印象之中，就是一个每个月按时寄钱回去的地方，因为这是责任和义务。如果没有什么意外，他的生活就这么一直过下去。

谁知道天有不测风云，有一天老婆突然告诉他要离婚，这个消息对他来讲简直是一个晴天霹雳，因为他一直把家当作一个最稳定的大后方，没有想到每月寄钱的地方已经发生了如此巨大的变故，他已经没有心思去工作了，一心想回国挽回自己的家，即使离婚也要把孩子给要过来，否则就会在人到中年时面临净身出户的结局。

但是由于他是以非法身份来到美国的，离开美国就有回不去的危险，回不去就意味着断了自己的生路，但是，如果不回国的话，就无法挽回自己的家。所以，回国就成了他目前最为迫切的事。

临走的时候，他对我说："在美国，我就是一个劳动力；在中国，我就是个挣钱的机器。你看，我们这些不合法的移民，已经为两个国家付出太多了：中国，每年都可以收到我们从美国邮寄的大量美元；美国，我们给他们补充了大量年轻精壮的专业劳动力。可是，我自己却什么都没有得到，真不知道，美国有什么好，很多时候，到美国过上天堂般的日子就是不虚假的梦想。"

可是他最终真的什么也没有得到吗？答案未必是肯定的。

在诸多去留得失之间，谁又能分清背井离乡到美国来的对与错？

第40章
中餐馆里的各色客人

　　中餐馆是观察美国社会的一扇独特窗口，从中可以触摸到平时难以见到的鲜活生动的美国人和美国文化。

　　人们进了中餐馆便会有些恍如隔世的感觉。这里通常是大红大绿却透出一种掩饰不住的酸涩的装潢，陈设也不整洁，那有些污浊杂乱的环境，还有男女侍者、领班，都会使人感觉阴沉。

　　近些年是北美中式餐饮业相对困难的时期，由于华人华侨来得比较多，所以中餐馆越开越多，大多数中餐馆惨淡经营，食客寥寥。而互相压价的结果，使中餐馆成了低廉、便宜的代名词，来中餐馆就餐者的档次也愈来愈低。很多人是在美国的低收入者，他们是图便宜而来，常是衣冠不整、拖老

　　在很多美国人眼中，中餐是美味食物与陌生餐具的聚合体。这不，一双筷子难倒了美国好汉。

据美国朋友介绍，在美国最受欢迎的中国食物是"宫保鸡丁"。

其次则是"豆芽春卷"。

携幼的，使中餐馆越发显得有几分落魄。

对不少中餐馆来说虽然周末的时候，客人会蜂拥而至，让服务员们手忙脚乱顾此失彼，老板也扮演着服务生和厨师的多重角色，眉开眼笑地收费点钱。但大部分时候生意萧条，即使是中晚餐高峰时分，也不过是稀稀拉拉的三五桌客人。来的还常常是不付小费或付不起小费的穷人。每次他们都很客气，说这个汤真好喝，说那个菜口味更好，说得比唱得都好听，但走时不留一分钱小费，叫服务生心里有苦说不出。

在中餐馆工作过的人都知道，这里最难伺候的是黑人，要这要那的让服务员们忙个不停，叫服务员服务的时候，摆出一副大爷的样子，可是，付小费的时候，却像孙子一样小家子气。

有些人临走时放几个五分十分的硬币在桌上，好比在打发叫花子，有些人丝毫不感觉有什么不妥的地方，竟然还大言不惭地说："谢谢你的优质服务，尽管我没留给你足够的小费，因为我没有钱。"

有的干脆不给小费，当然不是当着服务员的面一走了之而是趁着服务员不注意的时候，悄悄溜走。

在美国中餐馆，一个服务员得照看一大片顾客。那些要逃小费的人见你在场时会磨蹭着不走，你又没法老盯着他。等你进厨房递单或端菜出来时，他早已逃之夭夭。这样做的也不仅仅是黑人，还有很多其他族裔的人。

一个人的教养、品行也不是完全取决于收入水准。有的美国人不时会来就餐，虽然很多人的收入水平不高，有些人还刚领了救济金，但是他们的修养比较好，按照规矩办事。尤其是一些中年白人，很有教养，虽然有些人的经济条件非常一般，吃完饭后，连孩子几十美分的冰激凌的小零食都舍不得点，但是小费付得却非常及时，每次都给相当不错的小费，而且将现金摞得整整齐齐压在一只盘子下。

在美国，各自付账当然是常事，许多约会中的男女也是如此。买单时一个人会先付了，但不一会儿便见他们在算账，一个人在找钱给另一人。在美国，共进晚餐往往是共度良宵的前奏。大概金钱上两清了，两人晚上的时光便会更加无拘无束，这是文化的缘故。

对于受欢迎的中国餐馆来说，一年中门庭若市的日子可不少。

当然有的时候也有特例出现，有人过来对服务员说："请把那一桌的账单给我，我替他们付了。"而那几个正吃着的人还茫然不知。还有惊喜聚会，一群人把一切都安排妥当了方才若无其事地通知主宾前来，此前一无所知的主宾一下子见到这么多朋友、亲人，往往会感动得泪水汪汪。

　　中餐馆自然离不开一些有关中国的人和事，常有一些刚到中国旅行归来或曾常驻中国的人来吃饭。不知是不是从中国学到了不付小费的习俗的缘故，不少这类人每次来到中餐馆，都对服务员非常热情，但是付小费的时候，几乎和黑人一样。他们也做到了点菜的时候，像个大爷；付小费的时候，便如同孙子一样。

正在大快朵颐的美国食客。

这类人给的小费特别少，有些人还不给，叫服务员们不堪忍受。或许他们在中国的时候，习惯了养尊处优地被人服务，但却忘了为他们服务的人是生活在美国而不是中国。

来美国这么长时间，我感到美国人没有忧患意识。接触的美国市民和美国同事，很多人都抱着及时行乐的观点，在美国的大学里，操场是人气最火的地方，健身交友在美国的学校中是相当重要的活动，而教室和图书馆的人气相当淡薄。想想国内升学、考公务员的学生，为了一个座位而发愁，再看看美国这么空旷的教室和图书馆，不由感慨，教育资源是如此不均。

不少我认识的在美国生活很多年的华人，手头上的资产非常雄厚，一方面和他们努力工作有关系，另一方面和他们的储蓄习惯有关。

华人很喜欢储蓄，我认识的朋友中，有曾经是中国大学老师，如今却落魄到美国中餐馆里跑堂的人；还有曾经是国内的处长科长，如今却在美国开个小杂货铺，自得其乐的人；还有一些我经常去吃饭的地方认识的老板，他们有些是来自南方的村民；还有一些是我在美国公司的中国同事。

他们在美国的生活比较简单，没有不良习惯，工作非常勤奋，有了收入便把相当一部分存起来。所以手头颇为宽裕，要是得知国内长辈需要买房子，他们都能很轻易地拿出一笔巨资。而他们的美国同事虽然消费大方，但家里却都没有多少存货，银行里的存款也不多。

有一个非常奇怪的常见现象，越是来美国时间长的华人，他们越是有钱，也越是节省。这也许和他们当时出国的时候，国内很穷有关，那个时候，大家都过着艰苦的生活。

他们本想着漂洋过海到美国就能过上好日子，可是赤手空拳、一穷二白地跑到美国后，却发现在地大物博、资源丰富、经济繁荣的美国，却没有自己的立锥之地。

这里是金钱的社会，非常现实。只有幻想是不行的，想要立足只能面对现实，一切从零开始，去艰苦劳动，过时常吃了上顿没下顿的日子。正因如此，他们心里缺乏安全感，生怕遇见各种意外。他们通过在美国努力工作打下物质基础后，更加愿意把多余的钱储蓄起来，认为财力雄厚了，才能抵挡一些难以预料的变故。

这些人中有相当一部分人逐渐养成了过于吝啬又爱占小便宜的习惯，即使变得富有后，这种生活习惯也一直没有改变，更多的钱在他们那里只不过是数字的增加而不像是幸福的增涨。

而后来到美国的华人，他们在国内的时候，经济条件已经很不错了，自己本身又积累了一笔资金，他们到了美国以后，起点比较高，在经济上没有受过穷，所以即使手头的钱不多，消费起来也比较大方。

记得当时和我关系比较好的华人同事王小姐告诉我，她的房东是个中国人，大家都称她刘夫人。刘夫人来到美国将近30年了，她是一个非常富有的女士，收入不菲，非常会理财，但就是有个小毛病，爱财如命。

刘夫人对人很热情，也愿意帮助别人，生活过得很简朴，房租收得非常及时。

王小姐来美国的时间不长，她是申请了奖学金来到的美国的，毕业后找工作也比较顺利，由于经济状况一直不错，所以她的消费比较大方。

开始租房子的时候，刘夫人帮了王小姐不少忙，为了表示感谢，王小姐就邀请她去中式自助餐厅吃饭。

王小姐发现那天刘夫人带了一个包。在自助餐厅里，每次拿东西的时候，刘夫人都取上满满的一大盘子，有鸡翅、牛排，还有春卷，有的时候再拿一些小点心。她们吃饱以后，刘夫人的盘子里还剩下不少的食物，刘夫人看看四周，趁着服务员不注意的时候，偷偷地把食物放到包里，好像做贼一样。

看见王小姐看着她，她笑笑说道，多少都是拿，不拿白不拿。

王小姐的脸红了，她感觉所有的人都盯着她看。后来再遇见什么事要感谢刘夫人，她就换一种方式，她可不愿意在众人面前丢人现眼。

第41章

美国华人餐厅里的绿卡之梦

都说美国是世界上很发达的国家，来到之后发现果然名不虚传。不说别的，单说这里中餐店里的服务员，虽然从事着国内认为很一般的职业，拿着美国境内最低的工资，但是他们也属于暂时不得志的人物，不少人在国内都曾是精英人物，每个人的背后都有不同于一般人的传奇经历。

这些服务员分为两种：一种是偷渡的移民，花了几万美元冒着生命危险跑到了美国；还有一种是以各种合法身份来到了美国，但是一直没有合适工作机会的国内精英，有些人的合法身份失效了，最终沦为没有身份的人。

用他们内部的行话来说就是：一种是"从海上来的"，这些人是偷渡的移民；一种是"坐飞机来的"，是指曾经以各种合法途径过来的移民。

各类移民历尽各种各样的艰难险阻，怀着一种对新生活的期待和向往来到了美国，心情是如此激动。路边林立的现代化高楼，路上飞奔疾驰的轿车，衣着鲜亮的行人，此时都幻化成了一幅美丽的图景，现在终于来到了号称世界上"最发达"的国家了，真实地置身于其中了，似乎美好的生活正在招手。但是，现实却往往并不如人所愿，会遇见很多意想不到的挑战。

这些成功进入美国的偷渡者，日子很不好过。当那股不切实际的幻想过去后，梦就醒了，所有的一切都是人家的，与自己无关。原来上帝残酷地把他们扔进了地狱，天堂是别人的，欢乐也是别人的，作为非法移民，是一

忙着配菜的华人厨师。

就餐时间过去之后，店员们才能忙里偷闲，赶紧吃上顿饭，其中的辛苦只有他们自己了解。

无所有的人。

因为本身就是非法的居民，只能过着耗子一般见不得人的生活。要时常提防移民执法局的搜查，有病也不敢去看，没有任何福利。胆战心惊地过着非人的生活，命运极为悲惨，加上语言障碍和文化差异，叫人不堪忍受。

他们只能去华人开的餐馆、洗衣店打黑工，或者当家佣、干杂活。偷偷摸摸地工作，忍受着老板的剥削和压迫，一二十人挤在一个房子住。

这些工作，在国内的时候都是令人嗤之以鼻的，在这里却是救命稻草，需要紧紧抓住，稍微一放手，就会失掉，好比爬到了悬崖，不能向下看，稍不留神，就会粉身碎骨。

尽管美国纽约州的法律规定：每周工作五天，每天八小时，最低工资标准是每小时七美元多，加班要按1.5倍付酬。但这是美国人所享受的权利，对没有身份的人，是享受不到美国法律的。

餐馆是有大量现金交易的行当，支付工钱不用支票和信用卡，税务局也没有办法监控。他们这里每周工作六天，每天十二小时，付给工钱远低于规定标准。老板决不会让人闲着，员工们一天下来累得腰酸背疼、头昏脑涨。回到宿舍里，十几人挤在一起，洗澡、解手都要排队，尽管臭气熏天，大家还是倒头就睡，条件真不如监狱好，但是选择了就没有办法回头，只能走下去。

要是你不满意，随时可以不干，你不干后面还有想干的人排长队等着。但是员工们想想背负的一身债，那是必须要还的，因为蛇头会监视着你，已经没有任何的人身自由了，所以很多人还是硬着头皮干了下来。

直到有一天，还清了所有的欠款，这个时候，才是自由到来，你可以放单飞了。对于一般的偷渡者，没有几年的时间，是不会有这一天的。

这些人花了那么多钱，冒着生命的危险，千难万苦偷渡来到美国，究竟为了什么？本来偷渡只是获得幸福生活的一个手段，可是很多人却把这个手段当成了最终的目的，一生中最好的时间全部搭了进去。

这些偷渡者到了美国后，如果想领美国的救济、领美国的福利、做美国的穷人，那是门儿都没有。因为美国政府查处非法移民的措施非常严格，如果不小心哪天被政府查到，就会被遣返回国，那样就会前功尽弃。所以说只能像老鼠一样地生活着。虽然人在美国的领土上，却过着猪狗不如的生活。美国政府的所谓民主、自由，都是对他们本国人讲的。至于一个连生活都无法保障的非法移民，要分享这些根本就是海市蜃楼、痴人说梦。要是美国政府知道你是偷渡过来的，直接会把你遣返回国，美国不喜欢穷人。

在美国，打工仔们会受到美国人歧视，虽然美国人的祖先都是移民，可是他们本身却很排外，他们知道自己的福利不错，所以生怕新来了移民去抢他们的福利和饭碗。

我记得我的房东经常心怀不满地告诉我："我们美国老人真是吃亏，我们从年轻的时候开始便给国家交税，交了一辈子的税，却发现很多其他国家的年轻人，那些不给美国交一分钱税的家伙们，跑到美国享受我们交给国家的钱，这个世界真不公平。"她的话很有代表性，很多美国人都怀着戒备的心理防备着异族的人。

　　除了美国人看不起这些非法移民，很多老移民也看不起新移民。他们还经常欺负新移民，给新移民白眼。有句话说的是多年的媳妇熬成了婆，媳妇当年深受婆婆的欺凌，后来自己也变成了婆婆。这些变成婆婆的媳妇，看见新的媳妇来了，结果自己变得比当年的婆婆还要狠。那些老移民，当年刚来的时候，深受更早来的老移民的欺凌，现在他们看见新移民，也会把自己当年所受到的气撒到新移民的身上。也许这是翻身咸鱼的心态吧。

　　特别是有些拿到绿卡的华人，人一阔就变脸，他们身上有一种不知道从哪里来的优越感。开口就是我们美国人应该这样，我们美国人应该那样。你们中国人如何差劲，如何没有教养。将祖宗八代忘得一干二净，生怕别人提起他的老祖宗是中国人。这样的傲慢人，在美国的华人中有不少，我也见过，对付他们就应该以眼还眼、以牙还牙，或者远离。

　　对这些新移民来说，生存已经变成了人生的第一需要。他们已没有别的选择，挣钱还债是他们工作的原动力，就这样每天在险恶的环境下做着美梦，期待着早一天还完债，拥有美国绿卡。他们的内心深处经常在做着好梦，期待着百年不遇的大赦，要是有了这个机会，就会变成有合法身份的人，但是，这种机会非常渺茫，就好比买彩票中个头奖，可是在通常的情况下，买彩票是不会中任何奖的。

　　除了这些非法移民在华人餐馆里打工以外，还有一些人也在这里忙碌着。他们当初以合法身份进入美国，当合法的身份到期后，滞留在美国成为非法移民。

　　他们当初来的时候，是有合法原因签证过来的。比如说以旅游签证到达美国，以探亲签证到达美国，以商务考察签证到达美国，还有一些是以学生身份到达美国，毕业后找不到工作、身份失效的人。

　　这些人的签证到期后，仍不回去，而是在美国滞留下来。其实他们在来美国之前已经计划好了。记得法拉盛的一个朋友告诉我，他当年在打工的地方，认识了一个来自国内的前官员。这个家伙在国内似乎有些什么事快被发现了，于是便想方设法地加入了一个当地政府的考察团来到了美国，在飞机上的时候，还和周围的同事们谈笑风生的，结果一下了飞机就立刻人间蒸发了。

他的同事们费尽了九牛二虎之力，却再也找不到他了。一个人要在美国失踪实在是太容易了，因为这里有很多警察权力管不到的地方，比如说唐人街之类的地方。结果他跑到了法拉盛的职业介绍所，在这里找到了工作。

这些滞留的人员，一些人有了合适的机缘，与美国公民结婚而转变成美国公民。另外一些没有这个机缘的人们也不会坐以待毙，他们想尽办法留在美国，以计划生育、在国内遭到某种宗教迫害或遇见某种政治迫害等事项为借口，违背良心说回到中国将会受到迫害，然后寻求美国政府的政治庇护。移民局规定，申请政治庇护后不准再以其他理由申请移民，一旦出庭败诉，可就再也不能翻身了。

由于不少办理华人移民事务的律师深知美国的移民法律，对于移民法律的漏洞也颇有研究，他们办理过很多类似的案例，见多识广，所以经验比较丰富。

作为新来者是不了解美国法律的，要是想自己办理移民，首先存在着语言的障碍，面对着一堆表格，会无从下手。要是找律师，就不存在这么多问题，只要交上足额的钱，把自己的相关个人信息提供给律师就可以了。一般移民都拼命工作，花费几千到一万美元，给自己办理移民的手续。

找律师帮忙办理这类政治庇护的费用较低，大概一万多美元，手续也比较简单些。所以选择这类途径的人数不少，他们胡编乱造一些子虚乌有的理由，再

由专门律师准备材料向移民局申请。由于办理手续的人数很多，移民律师的生意兴隆，财源滚滚而来。

但是这类移民的申请过程拖得非常长，从申请到出庭需要一两年的时间，胜诉后到办绿卡的时间又得花费两三年，拿到绿卡到成为美国公民还要五年。这就是说即使一切都顺利的话，也需要十年的时间。这在漫长的十年中，申请人的日子很不好过，他们只能是提心吊胆，望眼欲穿。

即使申请成功了，以后的麻烦也会很多，这些申请政治庇护成功的人，以后是很难再回到中国去的。如果你回中国后安然回来，那你之前庇护的理由就不成立了，你就是欺骗了美国政府。美国政府对撒谎的人不会客气，或许对你的庇护将被收回。所以说，如果一个人选择了这类申请，就做好再也回不去中国的准备吧。

当然政治庇护的获得通过率没有可比性，随着不同的人、不同的州、不同的法官而有天壤之别。有的法官的通过率是零，有的法官的通过率却很高。剩下一些滞留的人，因为没有身份，只能靠打黑工过活，梦想着有朝一日发财回国后，过上吃穿不愁的日子。

所以，中餐馆里的第二类人，指的是这些当初以合法身份来到美国，身份失效后非法滞留在美国的人。

这其中很多人在国内都属于有身份、有地位的人。在美国，我认识很多大学教授，他们目前在美国早已经学业有成，事业功成名就，经常全世界旅游，也常常衣锦还乡，到国内的

诚挚的传统仪式寄托着华人同胞对平安与兴旺的憧憬。

各个大学做报告，然而早年的时候，他们也曾经非常落魄。

记得有一次，我和几个好朋友在一起喝酒，其中有个学业有成的刘教授，他早就是美国公民了，目前年薪丰厚，一切都非常顺利，如今孩子也已经在美国成家了。

祝福餐饮业华人同胞的前景都能像这笑容般灿烂。

刘教授喝得很开心，也有些微醉，突然之间发起了感慨："人生真是不容易啊，一转眼几十年就过去了。现在我的孩子已经成家了，记得我当年来美国的时候，也不比她们大几岁。她们现在这么幸福，可是她们怎么会知道，她们的老爹为了留在美国当年吃了多少苦。我刚来的时候，没有足够的钱交学费，更不要说吃饭的钱了。为了生活，我做了无数的工作，在大学里打扫过卫生，刷过洗手间。到了暑假的时候，我就跑到唐人街的中餐馆里工作，那里的工作非常辛苦，我不分白天黑夜地工作，最困难的时候，我白天在饭店，拼命伺候客人，这还不够，为了多挣一些钱，半夜跑到赌场去工作，一段时间下来后，累得直流鼻血。但是我却靠着那些辛苦钱，把所有的学费都交齐了。后来拿到学位找到工作，拿到绿卡，又入了籍，当上了终身教授。哎，往事真是不堪回首，要是再把这些经历重新走一次，不知道是否还能有当年的勇气和闯劲。

"是啊，在中餐馆里到处都有我们学者的身影"，旁边的陈先生也说道。说起陈先生的经历，真是叫人感慨万分，早年的时候，他是中国的大学教授，后来到了美国，又开始重新读书，为的是拿到美国的学位，同样是因为学费和生活费的问题，也沦落到了中餐馆。

在中餐馆里他和那些偷渡的移民一起，起早贪黑地干活，经常遭到老板骂孙子般的训斥，把他骂得如同狗一样。他在国内也算是个受人尊敬的人物，哪里受到过如此的待遇。好几次血性上来，差点失控动手打人，但是他克制住了自己的冲动，本来是违法工作，要是得罪了人，被人告发，那么就会有更大的麻烦出现。

由于各种原因，他的学业几次中断，夫人感觉到他非常没有出息，不久后，心有所属，找到中意的人，离开他远走高飞了。

说起他的夫人，在国内也有算是不错的工作，她在学校里当艺术老师，工资收入不薄，是个受人尊敬的职业，不用出国也能上好日子。

她除了平时在学校工作以外，放寒暑假的时候，也自己经营一些小生意，平时办个训练班，出去做个家教，外快源源不断地来，生活也很充实。后来老公有机会出国了，她便也跟了过来，没有想到美国的生活是这种格局，让她难以忍受。尤其让她不堪忍受的是，老公到了美国以后，就不求上进了，整天安心地在餐馆里工作，对学业也不上心了。她感觉和老公之间的距离越来越大。

后来她在餐厅里认识了一个不错的华人，他有美国国籍，而且又有钱，对她非常有意，两个人日久生情。况且和他结婚，就意味着在中餐馆里打工这种低三下四的日子结束了，在美国新的生活开始了，于是，她毫不犹豫地离开老公，追求美国的幸福生活去了。

陈先生到美国本来是想着过上幸福生活的，只是没有想到，千辛万苦到了美国，却妻离子散。自己到了美国后，成了最低等的人，被偷渡的南方农民欺负，每天工作12个小时，每周工作6天，每次回到家里，几乎骨头都要散架了，过得简直如同地狱一般，有时候，把肠子都悔青了。

这个时候，他才知道，原来美国并不是什么天堂，倒是有些像地狱。但是，开弓没有回头箭了，自己费了这么大劲才到了美国，不明不白孤身一人回去又算什么？据说国内的大学早已经将自己开除了，所以只有继续苦熬下去，一条道走到黑，一直走到拿到绿卡变成永久居民——美国公民。好在天

祝福美国的中餐事业能年年如此客源滚滚、繁荣昌盛。

无绝人之路，不久他便时来运转，申请到了不错的奖学金，从餐馆里又杀回了学校，最终拿到学位，找到了工作，经历了千辛万苦，才有了今天的安稳生活。

陈先生在中餐馆里认识了很多高级知识分子，不但有他这样受人尊敬的大学教授，还有在国内就拿到了博士学位的青年才俊张先生。

那时张先生申请到了奖学金，但是由于数目不多，为了攒钱接老婆和孩子早日到美国，便在朋友的介绍下，来到了中餐馆工作。

当然刚来的时候，张先生的心里有过激烈的挣扎，生怕被朋友同事同学看见，回国后告诉熟悉的人，某某在美国混得非常狼狈，连饭也吃不上了，最后跑到中餐馆里去了。

思来想去的，张先生直接改名换姓，用了一个假名字跑到了中餐馆里，他想着干一段时间，存一笔钱后，就离开这个地方，不希望长期在此奋战，于是给自己起了一个假名字。

他每次都是第一个来到店里，按老板的吩咐，拖地板、抹桌子、铺桌布、摆刀叉、烧开水。很快，他就做完了老板交代的活。这时，其他几个伙计也陆续来了，看着其他的伙计在一旁站着聊些什么，陈先生也凑上去，跟他们打招呼，顺便想喘口气。但是，还没有等他直起腰来，老板便开始支使他干其他的工作了，总之，老板是生怕他清闲一秒钟。

他也尽量不得罪老板，因为老板一个月给1000美元，虽然不参与小费的分成，但是数目也算不错了，一个月干30天，每天11小时。平均每小时只有2.73美元。黑是黑了点，可是一个月这1000美元便可以到手，陈先生一个月的奖学金也就是1000多美元，再加上这份收入，已经足够生活得不错了。所以他干得非常投入，非常认真。他的心理平衡多了，因为他知道，这也算是实现美国梦的必经之路。

这种工作到底有多辛苦，没有经历过的人是没有发言权的。

我的朋友小刘告诉我，她曾经去纽约曼哈顿的快餐店里工作一个月，那一个月真是叫人不堪忍受。那是一个夫妻店，老板的两个孩子都送回了国内，店面大约有50平方米，店里雇了五个人，一个掌勺师傅、一位帮炒、一名前台兼打杂、俩墨西哥人送外卖。这样的餐馆，纽约有数千家。近20年间，中餐馆在全美国遍地开花。

虽然小刘知道在中餐馆工作很辛苦，但是却没想到是如此辛苦。在餐馆里工作就像在战场上一样。每天都要煮饭炒饭，切白菜、西兰花、青椒、蘑菇、西红柿、洋葱，腌制鸡翅、给鸡翅上粉、炸鸡块、剔除鸡皮鸡骨切成肉丁，把鸡胸切成片、丝，煮饭，换油锅，左手拿着只大汤勺右手拿着把大锅铲，锅碗瓢盆叮当作响，不但是拼手艺，更是拼体力。这样的工作，没有强壮的身体是无法适应的。

做餐馆的每天早上10点起床，11点到店工作，晚上11点下班，一天工作11到12个小时，一天下来浑身无力。

待了一段时间，小刘熟悉了这里的人，她发现做餐馆苦，但也是最容易扎根活下来的方式。餐馆包吃包住，一周工作六天，而休息日则窝在家里睡觉，无须也无处花钱。

炒锅师傅月薪3000美元都被积攒下来，一部分寄回家，余下的偿还偷渡费用。

炒锅师傅来自南方，他出国前女儿刚出生，由于一直没有拿到绿卡，多年来一直无法回家看望妻子和幼女。出国前知道偷渡苦，但没想到这么苦。在国内餐桌前等妈妈饭菜的宠儿，到美国后快速地学成了厨房高手，他的厨艺远远超出父母的想象。

打工者辛苦，老板更加辛苦。店里事务繁杂，纽约卫生局也经常巡查，必须要有执照的人看店，否则将面临处罚，所以老板根本不能长时间离开。餐馆流动性大，常遇到某个师傅跳槽或者不干，这时老板和老板娘必须顶上，这些突发状况只有一个人是无法应付的。

打工者可以请假、跳槽、随时甩手不干，作为餐馆经营者则没有选择。他们把家里所有的积蓄都拿出来，压在店里，为了不血本无归，他们必须拼命地工作，一刻不能休息。

老板娘怀孕的时候，也一刻不停地工作，直到最后一刻感觉阵痛来临才去医院。她和很多人一样，在纽约十多年，根本没有走出过唐人街，甚至没有走出过本州一步。每天工作十几个小时，天天如此，近乎苦行僧一般的生活。

工作了一个多月，小刘拿到了下一学期的奖学金，算算学费、生活费也够了，她马上离开，这样暗无天日的生活，她算是经历过了，以后如果有可能，她再也不愿意去经历了。

但那段生活却成了她人生中一段最宝贵的经历，在美国华人餐馆都工作过的人，还有什么工作胜任不了？

后记　民以食为天

常言道"民以食为天"，在中国是这样，在美国也是如此。

在美国这个融合了不同种族、不同民族文化的多民族的移民国家，它的饮食自然也融入了世界各国饮食的文化，美国人创造了属于他们的饮食风格。美国有着吃不完的美食，更有讲不完的美食故事，这也是美国饮食文化的一部分。

很多人说美国的食物不如中国的好吃，但他们却忘了，胃口也是有民族性的，美国人的饮食有很多精彩之处。在美国，你可以吃到来自世界各地的美食。这些来自异国的饭菜加入了美国的色彩，把本土的做饭技巧和美国的元素结合起来，做适当改良和变化，适应了美国人的口味，也不丢失本土的口味，在美国也很容易获得市场。

这些带有异国风味的菜肴使美国的美食更加丰富多彩，美国集中了全世界的美食，在美国繁华的大街上，人们可以尽情地享用着来自世界各地的美食。

美国有着得天独厚的自然资源，又有着全世界最丰富的饮食资源，更有来自各国人们的独特创造，从某种意义上讲，美国何尝不是吃货的天堂？

"独行天下"唱响当代最美好的旅行故事!

90元走中国

作　者 | 陈超波口述

ISBN | 978-7-5030-2768-0

定　价 | 34.00元

ISBN 978-7-5030-2768-0

90元走中国2

作　者 | 陈超波

ISBN | 978-7-5030-3598-2

定　价 | 42.00元

ISBN 978-7-5030-3598-2

信仰在路上

作　者 | 大鹏

ISBN | 978-7-5030-3791-7

定　价 | 39.80元

ISBN 978-7-5030-3791-7

如切·格瓦拉般旅行

——一位职业摄影师的旅行笔记

作　者 | 小虎同学

ISBN | 978-7-5030-3602-6

定　价 | 45.00元

ISBN 978-7-5030-3602-6

彩色非洲

——非洲四大古国穿越之旅

作　者 | 陈冬雷

ISBN | 978-7-5030-3600-2

定　价 | 42.00元

ISBN 978-7-5030-3600-2

穿越香格里拉秘境

作　者 | 陈冬雷

ISBN | 978-7-5030-3192-2

定　价 | 34.00元

ISBN 978-7-5030-3192-2

马上走，自由是方向
马背上的旅程

作　者｜何亦红
ISBN｜978-7-5030-3584-5
定　价｜39.80元

ISBN 978-7-5030-3584-5

长头
寻找藏地密码

作　者｜关山飞渡
ISBN｜978-7-5030-3151-9
定　价｜48.00元

ISBN 978-7-5030-3151-9

踏遍南美
走在地球的另一端

作　者｜龙泓全
ISBN｜978-7-5030-3601-9
定　价｜39.80元

ISBN 978-7-5030-3601-9

大美草原
内蒙古大草原自驾行

作　者｜陈冬雷
ISBN｜978-7-5030-3599-9
定　价｜42.00元

ISBN 978-7-5030-3599-9

新丝路之旅
——重走玄奘西游路

作　者｜厦门山羊
ISBN｜978-7-5030-3945-4
定　价｜48.00元

ISBN 978-7-5030-3945-4

有故事的法国

作　者｜洛艺嘉
ISBN｜978-7-5030-3946-1
定　价｜48.00元

ISBN 978-7-5030-3946-1

智慧旅行
——行走40国旅行妙招

作　者｜行走40国
ISBN｜978-7-5030-3313-1
定　价｜36.00元

ISBN 978-7-5030-3313-1

一生痴恋去大理

作　者｜黄橙
ISBN｜978-7-5031-9535-8
定　价｜48.00元

ISBN 978-7-5031-9535-8